# 中国R&D活动效率评价研究

尹伟华◎著

# RESEARCH ON EFFICIENCY EVALUATION OF CHINA'S R&D ACTIVITIES

**图书在版编目（CIP）数据**

中国 R&D 活动效率评价研究/尹伟华著．—北京：经济管理出版社，2017.5
ISBN 978 -7 -5096 -4982 -4

Ⅰ.①中…　Ⅱ.①尹…　Ⅲ.①科学技术—活动—研究—中国　Ⅳ.①N12

中国版本图书馆 CIP 数据核字(2017)第 057523 号

组稿编辑：申桂萍
责任编辑：侯春霞
责任印制：黄章平
责任校对：王淑卿

出版发行：经济管理出版社
（北京市海淀区北蜂窝 8 号中雅大厦 A 座 11 层　100038）
网　　址：www. E - mp. com. cn
电　　话：(010) 51915602
印　　刷：北京玺诚印务有限公司
经　　销：新华书店
开　　本：720mm ×1000mm/16
印　　张：11
字　　数：210 千字
版　　次：2017 年 5 月第 1 版　　2017 年 5 月第 1 次印刷
书　　号：ISBN 978 -7 -5096 -4982 -4
定　　价：48.00 元


联系地址：北京阜外月坛北小街 2 号
电话：(010) 68022974　　邮编：100836

# 前 言

现代经济之间的竞争，归根结底是科技的竞争。科学研究与实验发展（以下简称“R&D”）活动作为整个科技活动的基础和核心，是推动科技进步和科技创新的动力与源泉，在科技创新活动中具有至关重要的作用。放眼全球，众多国家和地区都已将科技创新作为重要的发展战略，把R&D资源投入作为先行的战略性投资，快速提高R&D资源的投入水平，组织实施重大的科技专项项目，努力增强国家和地区的综合竞争力和科技创新能力。面对当前国际新形势，中国政府、企业等也积极开展R&D活动，不断加大对R&D资源的投入力度，使得R&D资源投入总量与强度都有了很大的提高。但其效率如何呢？对于经济尚处于发展阶段的中国而言，无论是R&D经费，还是R&D人员，都是稀缺资源，且这种稀缺性在短期内也是无法解决的。因此，在现有R&D资源有限的情况下，通过R&D资源的效率分析来加强R&D资源的合理配置与管理，指导科技创新发展战略具有十分重要的意义。

本书以R&D活动效率评价理论为指导，在国内外相关研究的基础上，综合运用演绎法和归纳法相结合、定性分析与定量分析相结合、静态分析和动态分析相结合、比较分析等具体方法，基于R&D活动过程的内部分解视角，从区域和行业两大层面，运用关联网络DEA－SBM模型对中国R&D活动的效率、影响因素及全要素生产率变动等方面进行了较为全面的评价和分析。

全书共分八章，各章的主要研究内容如下：

第一章为导论。主要阐述了本书的研究背景、研究意义以及研究方法，然后在此基础上，概括出本书的研究内容，并同时给出本书可能存在的创新之处。

第二章为相关概念及文献综述。不仅对R&D活动、效率等相关概念进行了科学的界定，还对R&D活动效率的国内外文献进行了系统的梳理和归纳，并在此基础上，对相关文献进行相应的述评，指出目前研究中存在的问题。

第三章为R&D活动效率评价指标体系构建，分为两节。第一节主要介绍指标体系构建的原则。第二节为R&D活动效率评价指标体系的构建。基于价值链视角，将 R&D 活动分解为科技研发子过程和经济转化子过程，并构建出相应的投入产出指标体系。

第四章为中国 R&D 活动投入产出现状分析，分为三节。第一节、第二节为 R&D 活动的投入、产出现状分析，主要是从总量、速度、结构等方面对 R&D 活动投入、产出的数量变化进行分析。第三节为 R&D 活动的投入产出弹性分析，基于全局视角，运用典型相关分析方法测算出 R&D 活动的投入产出弹性。

第五章为中国 R&D 活动的效率评价，分为三节。第一节主要介绍网络 DEA – SBM 视窗分析模型。针对传统 DEA 评价方法缺点及 R&D 活动的内部分解过程，构建出具有链式结构的网络 DEA – SBM 视窗分析模型。第二节、第三节为中国区域和行业 R&D 活动效率的测算。运用网络 DEA – SBM 视窗分析模型对中国区域和行业 R&D 活动整体效率及两个子过程效率进行评价和分析，不仅从时间变化和空间变化对区域与行业 R&D 活动的整体效率进行分析，还对 R&D 活动内部子过程效率进行了比较分析。

第六章为中国 R&D 活动效率的影响因素分析，分为三节。第一节详细介绍了面板 Tobit 模型。由于 R&D 活动效率是一个受限变量，其数据介于 0 ~ 1，若直接用经典的线性方法对模型进行回归，参数的估计将是有偏且不一致的。第二节为中国区域 R&D 活动效率的影响因素分析。结合中国区域 R&D 活动的特点，重点考察对外开放程度、人力资本、创新活动主体间联系程度等环境因素对区域 R&D 活动效率的影响。第三节为中国工业行业 R&D 活动效率的影响因素分析。结合中国工业行业 R&D 活动的特点，重点考察企业规模、市场竞争程度、企业所有权结构等环境因素对工业行业 R&D 活动效率的影响。

第七章为中国 R&D 活动的全要素生产率分析，分为三节。第一节主要介绍网络 SBM – Malmquist 指数模型。综合考虑 Malmquist 指数理论和 R&D 活动的内部分解过程，构造出相应的网络 SBM – Malmquist 指数，并基于完全的 VRS 假设条件进行指数分解。第二节、第三节为中国区域和行业 R&D 活动的全要素生产率分析。从 R&D 活动整体及内部子过程对区域和行业 R&D 活动的全要素生产率及其分解指数进行分析。

第八章为研究结论和展望。总结本书的主要研究结论，提出相关的政策建议，并结合本书研究的不足，指出下一步可能的研究方向。

# 目 录

# 第一章　导论

## 第一节　研究背景

科学研究与实验发展活动是一种创造性活动，其旨在探索未知事物的内在本质、探索科学发现的实践应用、自主研发新产品和新服务，以此获取相应的社会经济效益，进而极大地推动社会进步。现代经济增长理论和世界各国的经济发展经验都表明，R&D 活动是整个科技活动的基础和核心，是推动科技进步和科技创新的动力和源泉，在科技创新活动中具有至关重要的作用。放眼全球，众多国家和地区都已将科技创新作为重要的发展战略，把 R&D 资源投入作为一项先行的战略性投资，快速提高 R&D 资源的投入水平和产出效率，组织实施重大的科技专项项目，努力增强国家和地区的综合竞争力与科技创新能力。面对当前的国际新形势，我们必须增强加快科技创新的紧迫感和使命感，更加坚定不移地、自觉地开展 R&D 创新活动，把科技进步作为促进社会经济发展的首推动力，把自主创新作为转变经济发展方式、优化产业结构、提高综合竞争力的中心环节和重要内容，把构建创新型国家作为面向世界、把握未来的重大战略选择。

自 1978 年改革开放以来，中国经济保持了 30 多年的快速增长，所取得的绩效已经被很多人视为“中国的奇迹”。统计资料显示，中国的国内生产总值（GDP）由 1978 年的 3645.2 亿元增加到 2010 年的 401202.0 亿元，按 2000 年可比价格计算增长了 20.68 倍，年均增长率高达 9.93%[①]，其经济总量已经超过日本，成为全球第二大经济体。人均 GDP 也由 1978 年的 381 元上升到 2010 年的 29992 元，按 2000 年可比价格计算增长了 14.79 倍，年均增长率高达 8.78%。

① 根据《中国统计年鉴》（2011）相关数据整理。

同时，外贸进出口总额、外商直接投资（FDI）、人力资本存量、工业增加值、财政收入等也都实现了不同程度的高速增长，大大提升了中国的综合国力和在世界经济中的影响力。那么，中国经济长期快速增长的原因究竟是什么呢？增长的质量如何呢？许多学者尝试从不同角度进行研究，最终结果基本认为，物质资本、劳动力、自然资源等要素投入的持续增加仍然是现阶段推动中国经济快速增长的最主要因素，即中国的经济增长方式仍然表现为高投资、密集劳动、高消耗、高环境成本等粗放型增长特点，经济增长主要还是由要素（物质资本、劳动力、能源等）投入拉动，技术进步对经济增长的贡献率相对偏低（张连城，1999；李善同和翟凡，1999；吴敬琏，2005；涂正革和肖耿，2006；陈彦斌和姚一旻，2010；等等）。然而，经过 30 多年的经济快速增长之后，一方面，中国现有的要素投入已很难继续支撑这种增长方式，有限的物质资本、有限的劳动力、有限的能源和环境资源等已经成为束缚经济增长的“瓶颈”；另一方面，经济持续的粗放型增长也暴露出了很多问题，如资源的过度消耗、环境的污染等现象，严重阻碍了社会经济的可持续发展。面对这些现实困难和问题，中国当务之急是必须根本性转变原有的粗放型经济增长方式，代之以集约型经济增长方式，真正实现高质量的、快速的、可持续的发展道路。经济增长方式真正实现上述转变的关键在于依靠科技进步，提高科技进步对经济增长的贡献率。当前，中国正处于经济转型的关键时期，只有把科技发展战略作为国家发展目标的战略要素和核心要素，构建国家创新体系和提升自主创新能力，才能更好地发挥科技进步对社会、经济的支撑引领作用，推动其长期稳定地发展。基于此，积极地开展 R&D 活动，增强自主创新能力、建设创新型国家等已成为中国发展的重要战略之一。

随着中国科技发展战略的有效实施和创新型国家建设的不断推进，政府、企业等 R&D 投入主体部门不断加大对 R&D 资源的投入力度，使得 R&D 资源投入无论是总量还是强度都有了很大的提高。其中，R&D 经费内部支出逐年上升，由 1991 年的 150.8 亿元增加到 2010 年的 7062.58 亿元，年均增长速度高达 22.44%，其规模仅次于美国和日本，已经超过德国成为全球 R&D 经费第三大国；R&D 投入强度（R&D 经费/GDP）也稳步提高，由 1991 年的 0.69% 上升到 2010 年的 1.76%，共上升了 1.07 个百分点。R&D 人员也有较快的增长，R&D 人员全时当量由 1991 年的 67.05 万人年增加到 2010 年的 255.38 万人年，年均增长速度达到 7.29%，规模仅次于美国，位居世界第二。[①] 然而，我们必须看到，虽然中国的 R&D 资源投入总量得到了很大提高，有效地促进了科技活动的开展和自主创新能力的提高，但现有的 R&D 强度不仅与自身的经济发展水平要求还

① 根据《中国科技统计年鉴》（1991 ~ 2011）相关数据整理。

有很大差距，而且相对于同期发达国家也存在一定的差距，如美国、日本2009年的R&D投入强度分别为2.90%、3.36%，而同期的中国仅为1.70%。在R&D资源投入不断提高的同时，相关的R&D创新产出也呈现出显著的增长趋势，如国内专利申请受理数由1991年的45686件增加到2010年的1109428件，年均增长量高达53187件；国内专利申请授权数由1991年的21395件增加到2010年的740620件，年均增长率高达20.51%；新产品销售收入由1991年的1186.17亿元增加到2010年的72863.90亿元，年均增速高达24.20%；等等。然而，具体到各区域我们容易发现，R&D资源（R&D经费、R&D全时当量）的区域集聚程度几乎保持不变，但R&D产出却存在明显的区域集聚趋势（Li，2009）。

由上可知，中国R&D资源投入、产出均有很大程度的提高，如果R&D资源投入的增加可以解释R&D产出的增长，那么为什么各区域R&D资源投入的同比增长，并没有导致R&D产出的同比增长？各区域R&D投入产出比的效率究竟如何呢？针对这些问题，对于经济尚处于发展阶段的中国来说，无论是R&D经费，还是R&D人员，都是稀缺资源，且这种稀缺性在中国短期内是无法解决的。同时，增加R&D资源投入只是增加R&D创新产出、提升自主创新能力的必要非充分条件。因此，在现阶段，中国建设创新型国家的过程中，以及现有R&D资源有限的情况下，通过对R&D资源的效率分析来加强R&D资源的合理配置与管理，指导科技创新发展战略具有十分重要的意义。

## 第二节　研究意义

现代经济之间的竞争，归根结底是科技的竞争。R&D活动作为科技创新的基础和源泉，不仅是衡量一个国家（或区域）科技含量和创新水平的重要指标，也是提升自主创新能力和推进创新型社会建设进程的重要内容。然而一直以来，相对于国外发达国家而言，中国R&D资源投入严重不足，R&D产出效率也相对较低，使得R&D活动未能有力地支持经济的持续快速发展。针对这一现实国情，研究R&D活动效率评价问题就具有重要的理论和实际意义。

在理论研究中，本书在国内外文献的基础上，科学界定了R&D活动效率的内涵，并基于价值链视角，将R&D活动内部过程进行分解，全面构建R&D活动效率评价指标体系，据此选择相应的R&D活动效率评价方法，以期为现有文献提供有益的补充，这对R&D活动效率评价研究具有重要的理论意义。

在实证分析中，基于价值链视角，将R&D活动分解为科技研发子过程和经济转化子过程两个阶段，构建关联的网络 DEA－SBM 视窗分析模型来评价中国 R&D 活动效率，并对影响 R&D 活动效率的外部环境因素进行分析，对提高 R&D 活动效率、制定并实施新形势下的 R&D 资源投入战略、加强 R&D 资源合理配置与管理等具有重要的实际意义。

## 第三节　研究方法

### 一、演绎法和归纳法相结合

在对国内外 R&D 活动效率的理论和实证研究进行广泛归纳分析的基础上，从一般规律的总结具体到中国 R&D 活动效率的评价研究，据此将 R&D 活动内部过程进行分解，构建出网络视角下的 R&D 活动效率评价指标体系。

### 二、定性分析与定量分析相结合

关于 R&D 活动的内部分解过程，主要采用了定性分析方法。为了更加深入地了解 R&D 活动的内在运行过程，本书基于价值链视角，将 R&D 活动分解为两个阶段，即科技研发子过程和经济转化子过程，以期考察内部结构及其对整体效率产生的影响，使得政策制定者更加有的放矢地制订相应的管理计划。在 R&D 活动效率测算、影响因素分析和全要素生产率变动及分解等方面，主要采用了定量分析方法。为了克服截面数据没有考虑时间维度的影响，本书首先采用网络 DEA－SBM 视窗分析模型测算中国 R&D 活动效率，并在此基础上，基于随机效应的面板 Tobit 模型深入探讨 R&D 活动效率的影响因素，为提出提升 R&D 活动效率的对策建议做铺垫。最后，基于完全的可变规模报酬（VRS）分解技术下的网络 SBM－Malmquist 指数对 R&D 活动全要素生产率进行动态分析。

### 三、静态分析和动态分析相结合

DEA 方法主要用来分析截面数据，进行静态分析，因此，在研究 R&D 活动效率时主要是对相同年份的区域或行业 R&D 活动效率进行静态比较。而 Malmquist 指数主要用来分析不同时期全要素生产率的变化，并将其分解为技术进步的变动和技术效率的变动等，因此，在研究 R&D 活动全要素生产率变动时主要采用了动态分析的方法。同时，在研究 R&D 活动效率的影响因素时，采用了截面数据和时序数据相结合的面板数据，也综合体现了动态分析和静态分析相结合的分析方法。

### 四、比较分析方法

为了达到对 R&D 活动效率的全面正确认识，本书大量运用了比较分析方法。例如，在 R&D 活动投入产出现状分析中，采用了不同时间的纵向比较；由于将 R&D 活动分解为科技研发子过程和经济转化子过程，故在测算 R&D 活动效率和全要素生产率变动时，也都包含了 R&D 活动整体效率和子过程效率之间的比较分析。同时，全书不仅包含各区域之间的效率比较，还包含东、中、西部三大地区之间的效率比较分析。

## 第四节 研究内容与研究框架

### 一、研究内容

本书共分为八章，各章研究的主要内容如下：

第一章为导论。首先，对本书的研究背景和研究意义进行详细的阐述，指出研究的必要性；其次，提出本书采用的具体方法，主要包括定性分析与定量分析相结合、静态分析与动态分析相结合、比较分析等方法；最后，概括出本书的主要研究内容和研究框架，并给出本书可能存在的创新之处。

第二章为相关概念及文献综述，分为三节。第一节为相关概念的介绍。基于 OECD 手册等文献，对 R&D 活动、效率等相关概念进行科学的界定，为本书的研究和分析奠定基础。第二节为文献综述。在相关概念的基础上，对 R&D 活动效率的国内外文献进行系统的梳理和归纳。第三节为文献述评。在明确国内外研究现状的基础上，对相关文献进行相应的述评，总结出已有研究的不足。

第三章为 R&D 活动效率评价指标体系构建，分为两节。第一节主要介绍指标体系构建的原则。为了更加科学合理地构建 R&D 活动效率评价指标体系，提出相应的构建原则，主要包括目的性原则、科学性原则、系统性原则、全面性和精简性相结合的原则、可操作性原则等。第二节为 R&D 活动效率评价指标体系的构建。基于价值链视角，将 R&D 活动分解成两个阶段，即上游的科技研发子过程和下游的经济转化子过程，并结合指标体系构建的原则，分别构建出 R&D 活动的科技研发子过程和经济转化子过程的投入产出指标体系。

第四章为中国 R&D 活动投入产出现状分析，分为三节。第一节为 R&D 活动投入现状分析。主要是从投入的总量和速度、投入的强度、投入的结构（执行部门、活动类型、资金来源）等方面，对 R&D 活动投入（R&D 经费、R&D 人员）的数量变化情况进行分析。第二节为 R&D 活动产出现状分析。主要是从绝对量和相对量等方面，对 R&D 活动直接产出（专利申请受理数和授权数、国外主要检索工具收录的论文数）和间接产出（新产品产值、新产品销售收入）进行全面的分析。第三节为 R&D 活动投入产出弹性分析。为了更全面、准确地描述中国 R&D 活动投入产出现状，从全局视角来探讨投入和产出之间的数量关系，即利用 R&D 活动的投入产出数据，基于典型相关分析方法（CCA）测算出 R&D 活动的投入产出弹性。

第五章为中国 R&D 活动的效率评价，分为三节。第一节主要介绍网络 DEA - SBM 视窗分析模型。针对传统 DEA 效率评价方法的缺点及 R&D 活动的内部分解过程，构建出具有链式结构的网络 DEA - SBM 视窗分析模型。同时，由于基于不同的假设条件（CRS 或 VRS），网络 DEA - SBM 视窗分析模型测算的结果是不尽相同的，据此提出相应的模型假设条件检验方法。第二节、第三节为中国区域和行业 R&D 活动效率的测算。运用网络 DEA - SBM 视窗分析模型对中国区域和行业 R&D 活动整体效率及两个子过程效率进行评价和分析，不仅从时间变化和空间变化对区域与行业 R&D 活动的整体效率进行分析，还对 R&D 活动内部子过程效率进行比较分析。同时，为了进一步比较分析中国 R&D 活动效率的地区和行业差异，对三大地区（东部、中部、西部）和四大行业（资源型行业、原材料行业、一般制造行业、高技术行业）的 R&D 活动整体效率及两个子过程效率进行差异分析。

第六章为中国 R&D 活动效率的影响因素分析，分为三节。第一节详细介绍了面板 Tobit 模型。由于 R&D 活动效率是一个受限因变量，其数值介于 0 ~ 1，若直接用经典的线性方法对模型进行回归，参数的估计将是有偏且不一致的。同时，由于面板数据包含了横截面与时间两个维度，一方面可以提供更多的个体动态行为信息，另一方面可以增大样本容量，进而在一定程度上提高估计精度。因此，本书使用随机效应的面板 Tobit 模型来进行 R&D 活动效率的影响因素分析。第二节为中国区域 R&D 活动效率的影响因素分析。结合中国区域 R&D 活动的特点，根据研究的需要和数据的可得性，重点考察对外开放程度、人力资本、创新活动主体间联系程度、政府行为、产业结构等环境因素对区域 R&D 活动效率的影响。第三节为中国工业行业 R&D 活动效率的影响因素分析。根据国内外相关研究，并结合中国工业行业 R&D 活动的特点，重点考察企业规模、市场竞争程度、企业所有权结构、外商直接投资等环境因素对工业行业 R&D 活动效率的影响。

第七章为中国 R&D 活动的全要素生产率分析，分为三节。第一节主要介绍网络 SBM - Malmquist 指数模型。综合考虑 Malmquist 指数理论和 R&D 活动的内部分解过程，构造出相应的网络 SBM - Malmquist 指数模型，并基于完全的 VRS 假设条件对该指数进行正确的分解。第二节、第三节为中国区域和行业 R&D 活

动全要素生产率分析。从 R&D 活动整体、科技研发子过程、经济转化子过程等方面对区域和行业 R&D 活动的全要素生产率变动指数及其分解指数（技术进步变动指数、技术效率变动指数、规模效率变动指数）进行分析，并对三大地区（东部、中部、西部）和四大行业（资源型行业、原材料行业、一般制造行业、高技术行业）进行相应的差异分析。

第八章为研究结论和展望。总结本书的主要研究结论，提出相关的政策建议，并结合本书研究的不足，指出下一步可能的研究方向。

### 二、研究框架

本书的研究框架结构如图 1－1 所示：

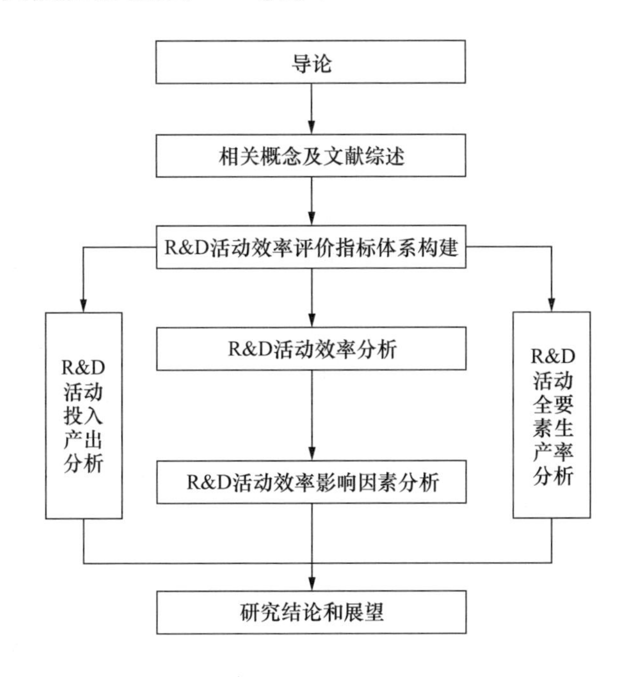


**图 1－1　本书的研究框架**

## 第五节　本书的创新之处

本书的创新之处主要体现在以下方面：

第一，基于网络分解视角，构建出 R&D 活动效率评价指标体系。R&D 创新的实现过程是一个复杂的系统，是从研究到开发、从科技到生产、从产品到市场的一系列活动过程。以往的 R&D 活动效率评价研究是将 R&D 活动看成只有投入和产出的大系统，没有考虑指标作用的先后顺序，如产出指标要么以科技成果产出或经济效益产出为主，要么不加区分地共同作为最终产出，使得构建的指标体系不能准确地反映 R&D 活动的内在运行过程。本书在充分理解 R&D 活动内涵的基础上，基于价值链视角，将 R&D 活动分解为两个阶段，即科技研发子过程和经济转化子过程，从而考虑了科技成果产出和经济效益产出的作用过程和先后顺序，使得构建的指标体系更合理，更能反映 R&D 活动的真实过程。

第二，关联网络 DEA - SBM 模型。由于传统的 DEA 模型是将 R&D 活动过程视为“黑箱”，从而忽视内部子过程之间的关联作用，因而并不能对 R&D 活动的内部结构和内在技术效率加以评价和分析。同时，大部分文献的 DEA 模型属于径向和线性分段形式的度量，并没有充分考虑到投入（或产出）的松弛量问题，使得度量的效率也不够准确。本书在传统 DEA 模型的基础上，进一步将“黑箱”评价单元分解成“灰箱”，构造出相应的关联网络 DEA - SBM 模型，既考虑了 R&D 活动的内部结构和中间产品的关联性，又考虑了投入（或产出）的松弛量问题，从而使得评价结果更加合理准确。

第三，不同层面 R&D 活动效率的影响因素分析。R&D 活动效率与许多因素有关，既包括宏观领域的对外开放程度、人力资本、创新活动主体间联系程度、政府行为、产业结构等，又包括中观和微观领域的企业规模、市场竞争程度、企业所有权结构等。现有文献主要集中于宏观领域，而对中观和微观领域鲜有涉及。本书为了尽可能全面地探讨 R&D 活动效率的影响因素，运用随机效应的面板 Tobit 模型，试图从区域和行业两个层面来分析 R&D 活动效率的影响因素，为提升中国 R&D 活动效率奠定坚实的理论基础。

第四，基于完全 VRS 假设条件分解的网络 SBM - Malmquist 指数。国内外文献运用 Malmquist 指数进行全要素生产率变动研究，大多是按照 FGNZ 的思路进行的，即基于部分 CRS 假设条件分解的“黑箱”Malmquist 指数，从而在一定程度上对技术进步变动和规模报酬变动做了错误的分解，减弱了模型的解释力。基于此，本书提出完全 VRS 假设条件分解的网络 SBM - Malmquist 指数，一方面，解决了规模报酬变动对生产率测量的影响，使得测算的生产率变动更加准确，同时也保证了其分解指数（技术进步变动指数、技术效率变动指数）的准确性；另一方面，从内部结构出发构造的网络 SBM - Malmquist 指数测算结果更全面，既可以测算 R&D 活动整体的全要素生产率变化，又可以测算内部子过程的全要素生产率变化，即科技研发子过程的全要素生产率变化和经济转化子过程的全要素生产率变化。

# 第二章　相关概念及文献综述

## 第一节　相关概念

### 一、R&D 活动

R&D（Research and Development）是国际通用的科技术语，中文译为“科学研究与实验发展”。目前，许多国际组织或国家都对 R&D 活动进行了定义，如经济合作与发展组织（OECD）、联合国教科文组织（UNESCO）、美国国家科学基金会（NFS）、中国科学技术部（MOST）等。

经济合作与发展组织是最早进行科技统计和科技指标工作的国际组织，在世界科技统计领域中处于领先地位。1963 年 OECD 在其编写的《弗拉斯卡蒂手册》（又称《为调查 R&D 活动所推荐的标准规范》）中将 R&D 活动定义为：R&D 活动是指在系统研究的基础上从事创造性的工作，以增加科学、技术知识总量，包括有关人类文化和社会知识的总量，以及利用这些知识发明新的用途。

联合国教科文组织认为，R&D 活动是指在科学技术领域，为增加知识的储量，包括增加人类文化和社会方面的知识，以及运用这些知识去创造新的应用而进行的系统性的、创造性的活动，其目的在于丰富有关人类文化和社会的知识库，并利用这些知识进行新的发明。

美国国家科学基金会认为，R&D 活动是指企业、政府以及非营利组织所进行的基础研究、应用研究以及工程、样机与工序的设计和发展。

中国在 20 世纪 80 年代后期才开始使用 R&D 活动这一概念，其对 R&D 活动的定义与 UNESCO 基本相同。根据中国科技部出版的《中国科技技术指标》的定义，认为 R&D 活动是指为知识创造和知识应用而进行的系统的创造性工作，是人们不断探索发现和应用新知识的连续过程。

虽然上述国际组织或国家对 R&D 活动定义的具体描述有所不同，但其内容和本质是十分接近的，不仅指出了 R&D 活动具有系统性，而且也指出 R&D 活动具有创新性。综合上述 R&D 活动的定义，可以概括出 R&D 活动至少应具有四个方面的基本特征：①运用科学方法；②具有新颖性；③具有创造性；④创造新的运用或产生新的知识。在这些基本特征中，运用科学方法是科技活动的共同特点，新颖性、创造性是判断 R&D 活动的决定性条件，创造新的运用或产生新的知识是创造性的具体体现。

R&D 活动按照不同的标准，可以划分成不同的类型。[①] 具体来说，主要有以下几类：按照活动类型划分，R&D 活动可以分为基础研究、应用研究和实验发展三类；按照执行主体划分，R&D 活动可以分为科研机构、高等学校、企业三类；等等。

## 二、效率

效率的概念已经存在于社会经济生活中的各个领域和方面，而最初的效率定义来自于物理学，物理学中的效率是指一个系统中有效输出量与输入量的比值。美国管理学家罗宾斯（Robbins）在其著作《管理学》中将效率定义为：为了达到目标的投入产出比值，即以尽可能少的投入获得尽可能多的产出。由此可以看出，效率主要涉及投入与产出之间的对比关系。正因为如此，经济学家将效率这一概率引入经济学领域，用作衡量生产活动中各种资源使用状况的综合指标。

在经济学中，效率主要是指帕累托效率（Pareto Efficiency）。20 世纪初，意大利经济学家帕累托（Pareto）在他的著作中给出了帕累托效率的定义，即“对于某种资源的配置，如果不存在其他生产上可行的配置，使得该经济中的所有个人至少和他们的初始时情况一样良好，而且至少有一个人的情况比初始时严格地更好，那么，这个资源配置就是最优的，就是最有效率的；反之，这个资源配置就不是最佳的，就是缺乏效率的”。

1957 年英国经济学家法瑞尔（Farrell）在帕累托效率的基础上对效率进行了界定，他认为效率应该包括两部分：技术效率（Technical Efficieney）和配置效率（Allocation Effieieney）。对于技术效率，最初法瑞尔（Farrell）在其发表的《生产效率度量》中从投入角度给出了具体的定义，即“一个生产单元在既定的各种产出要素水平下实现投入最小化的能力”。随后，1966 年莱伯斯坦（Leibenstein）进一步从产出角度对技术效率进行了相应的定义，即“一个生产单元在既

① R&D 活动分类及定义主要参考《中国科技统计年鉴》。

定的各种投入要素水平下实现产出最大化的能力”。最后，Charnes（1978）等依据法瑞尔、莱伯斯坦技术效率的概念分别从投入、产出角度对技术效率进行了较全面的解释，至此，技术效率的内涵基本形成了共识。而配置效率是指一个生产单元在要素价格已知和生产技术条件相同的条件下，实现投入（或产出）最优组合的能力（Lovell，1993）。如果在完全竞争的市场中，各要素的产出弹性等于投入要素占总成本的比重，此时配置有效率，也就是不存在配置无效或者配置效率的损耗。

由于配置效率的前提假设很难满足，且各类要素价格信息也较难获得，同时，技术有效也是实现综合有效的必要条件，这使得人们对效率的考察和度量更多情况下是针对技术效率而言的。基于这一思路，本书也选择技术效率作为研究R&D活动效率的基础，即书中的效率是指在产出既定的条件下，最小潜在投入量与实际投入量的比值，或在投入既定的条件下，实际产出量与最大潜在产出量的比值。

### 三、效率度量

关于效率的度量，目前主要有两种模型：一种是基于参数技术的随机前沿分析法（Stochastic Frontier Analysis，SFA），另一种是基于非参数技术的数据包络分析法（Data Envelopment Analysis，DEA）。虽然SFA方法考虑了随机因素的影响，但由于SFA只能处理单一产出，且需要预先正确设定函数的形式，技术欠效率项假设服从特定分布等，导致SFA方法在效率评价上存在一定的局限。而DEA方法除了在一定程度上弥补SFA方法的不足外，还具有不需要处理数据量纲和确定指标权重等优点，所以该方法被广泛运用于效率评价之中。

DEA最早是由美国著名运筹学家Charnes、Cooper等于1978年开始创建和提出的，主要是用数学规划模型评价具有相同类型的多投入、多产出决策单元（Decision Making Unit，DMU）的相对有效性。DEA的基本思想是把每个被评价单元作为一个DMU，众多DMU构成被评价群体，通过对总输入和总输出比率的综合分析，确定有效生产的前沿面，并根据每个DMU与有效生产前沿面的距离测算出每个DMU的相对效率。凡是处在有效生产前沿面上的DMU，DEA认定其投入产出组合是最有效的，其效率值为1；不在有效生产前沿面上的DMU，DEA认定其是无效的，并以有效生产前沿面为基准，测算出相应的距离函数，进而给出一个相对效率值。

1. CCR模型

第一个重要的DEA模型是由Chames、Cooper和Rhodes于1978年提出，其主要是以Farrell的技术效率模型出发，将“单投入/单产出”的效率方法扩展到

"多投入/多产出"，即 CCR 模型，CCR 模型基于固定规模报酬（Constant Returns to Scale，CRS）的生产技术条件。

现假设有 n 个决策单元 $DMU_j$（j = 1，2，…，n），每个 $DMU_j$ 都有 m 种类型的输入，以及 s 种类型的输出。对于第 j 个决策单元 $DMU_j$ 来说：

$x_{ij} = DMU_j$ 对 i 种输入的投入量，$x_{ij} > 0$（$1 \leqslant i \leqslant m$）

$y_{rj} = DMU_j$ 对 r 种输出的产出量，$y_{rj} > 0$（$1 \leqslant r \leqslant s$）

同时，为方便起见，用 $X_j$、$Y_j$ 分别表示 $DMU_j$ 的输入向量和输出向量：

$X_j = (x_{1j}, x_{2j}, \cdots, x_{mj})^T$，j = 1，…，n

$Y_j = (y_{1j}, y_{2j}, \cdots, y_{sj})^T$，j = 1，…，n

则评价 $DMU_0$（$1 \leqslant 0 \leqslant n$）相对有效性的 CCR 模型可表示为：

$$\max \frac{u^T Y_0}{v^T X_0}$$

$$\text{s.t.} \begin{cases} \dfrac{u^T Y_j}{v^T X_j} \leqslant 1, \ j = 1, 2, \cdots, n \\ u \geqslant 0, \ v \geqslant 0 \end{cases} \tag{2-1}$$

其中，$v = (v_1, v_2, \cdots, v_m)^T$ 表示 m 种输入的权重系数，$u = (u_1, u_2, \cdots, u_s)^T$ 表示 s 种输出的权重系数，$\frac{u^T Y_0}{v^T X_0}$表示决策单元 $DMU_0$ 的总输入和总输出的综合比率。

由于式（2-1）是一个分式规划问题，不便于计算，经过 Charns - Cooper 变换，令 $t = \frac{1}{v^T X_0} > 0$，$\omega = tv$，$\mu = tu$，则可以将分式规划转化为一个与其等价的线性规划（乘子形式）：

$$\max \mu^T Y_0$$

$$\text{s.t.} \begin{cases} \omega^T X_j - \mu^T Y_j \geqslant 0, \ j = 1, 2, \cdots, n \\ \omega^T X_0 = 1 \\ u \geqslant 0, \ v \geqslant 0 \end{cases} \tag{2-2}$$

线性规划（2-2）表示，将目标决策单元 $DMU_0$ 与其他决策单元比较，可以找到一组权重系数使得 $DMU_0$ 相对于其他决策单元的效率达到最大。由于 DEA 的有效性和多目标规划问题的帕累托有效解在本质上是相同的，因此，借助帕累托有效性的定义可以判断：一个 DMU 完全有效，当且仅当不能在没有使其他 DMU 输入或输出变坏的情况下改善任何输入或输出。

根据线性规划的对偶理论，并引入投入产出松弛向量 $s^{-0} \geqslant 0$、$s^{+0} \geqslant 0$，可得到一个相应的对偶规划（包络形式）：

$$\min\theta$$

$$\text{s. t.}\begin{cases}\sum_{j=1}^{n} X_j\lambda_j + s^{-0} = \theta X_0 \\ \sum_{j=1}^{n} Y_j\lambda_j - s^{+0} = Y_0 \\ \lambda_j \geqslant 0, j = 1,2,\cdots,n\end{cases} \tag{2-3}$$

由相关定理可知，线性规划（2－2）和对偶规划（2－3）均存在最优解，且最优值（即效率值）≤1。现假设$\theta^*$、$\lambda_j^*$（j＝1，2，…，n）、$s^{-0*}$、$s^{+0*}$为对偶规划(2－3)的最优解，则：①若效率值$\theta^*=1$，则称$DMU_0$为弱 DEA 有效；②若效率值$\theta^*=1$，且$s^{-0*}=0$、$s^{+0*}=0$(0 表示零向量)，则称$DMU_0$为 DEA 有效；③若效率值$\theta^*<1$，则称$DMU_0$为非 DEA 有效。

2. BCC 模型

1984 年，Banker 等提出了不考虑生产可能集满足锥性的 DEA 模型，即 BCC 模型。在某些情况下，把生产可能集用凸锥来描述可能缺乏准确性，在 CCR 模型中去掉锥性假设后得到的 BCC 模型更加接近客观实际，也是效率评价模型的基础。BCC 模型基于可变规模报酬（Variable Returns to Scale，VRS）的生产技术条件，有效生产前沿面不再通过原点。

$$\max\frac{u^TY_0+h_0}{v^TX_0}$$

$$\text{s. t.}\begin{cases}\frac{u^TY_j+h_0}{v^TX_j}\leqslant 1, \ j=1, 2, \cdots, n \\ u\geqslant 0, \ v\geqslant 0\end{cases} \tag{2-4}$$

同样，由于式（2－4）是一个分式规划问题，不便于计算，经过 Charns－Cooper 变换，令$t=\frac{1}{v^TX_0}>0$，$\omega=tv$，$\mu=tu$，则可以将分式规划转化为一个与其等价的线性规划（乘子形式）：

$$\max\mu^TY_0+h_0$$

$$\text{s. t.}\begin{cases}\omega^TX_j-\mu^TY_j-h_0\geqslant 0, \ j=1, 2, \cdots, n \\ \omega^TX_0=1 \\ u\geqslant 0, \ v\geqslant 0\end{cases} \tag{2-5}$$

根据线性规划的对偶理论，并引入投入产出松弛向量$s^{-0}\geqslant 0$、$s^{+0}\geqslant 0$，可得到一个相应的对偶规划（包络形式）：

$$\min\theta$$

$$\text{s. t.}\begin{cases}\sum_{j=1}^{n} X_j\lambda_j + s^{-0} = \theta X_0 \\ \sum_{j=1}^{n} Y_j\lambda_j - s^{+0} = Y_0 \\ \sum_{j=1}^{n} \lambda_j = 1 \\ \lambda_j \geqslant 0, j = 1,2,\cdots,n\end{cases} \tag{2-6}$$

假设 $\theta^*$、$\lambda_j^*(j=1, 2, \cdots, n)$、$s^{-0*}$、$s^{+0*}$ 为对偶规划(2-6)的最优解，则：①若效率值 $\theta^*=1$，则称 $DMU_0$ 为弱 DEA 有效；②若效率值 $\theta^*=1$，且 $s^{-0*}=0$、$s^{+0*}=0$（0 表示零向量），则称 $DMU_0$ 为 DEA 有效；③若效率值 $\theta^*<1$，则称 $DMU_0$ 为非 DEA 有效。

上述模型都表示，在生产可能集的范围内，在输出 $Y_0$ 保持不变的情况下，尽量将输入 $X_0$ 按同一比例 θ 缩小，即从输出不变、输入最小化的角度评价 $DMU_0$ 的有效性，所以又称为输入导向型 DEA 模型。同理，还可以从输入不变、输出最大化的角度评价 $DMU_0$ 的有效性，即输出导向型 DEA 模型。

## 第二节　国内外相关文献

国内外学者关于 R&D 活动效率的相关研究主要集中于两个方面，即 R&D 活动效率评价及其影响因素，因此，本书从国外、国内两个角度对 R&D 活动效率评价及其影响因素进行相应的梳理和归纳。

### 一、国外相关文献

#### 1. R&D 活动效率评价的相关研究

不同的学者尝试用不同的方法对 R&D 活动效率进行评价，国外文献概括起来主要有三大类：一是基于参数技术的随机前沿分析方法；二是基于非参数技术的数据包络分析方法；三是结构方程模型（Structural Equation Modeling，SEM）。

采用 SFA 方法的主要有：Zhang 等（2003）采用随机前沿分析方法测算了中国不同产权类型企业的 R&D 效率，研究结果表明，国有企业的 R&D 效率显著低于非国有企业，外资企业的 R&D 效率明显高于集体企业和股份制企业，且外资企业的高 R&D 效率与高 R&D 投入强度具有密切关系。Li（2006）利用 1995 ~

2003年中国R&D投入产出及环境因素数据详细分析了各地区的创新效率，结果表明，环境因素对三种专利的影响并不完全相同；同时，实用新型专利的平均效率显著高于发明专利和外观设计专利。Wang（2007）使用超越对数随机前沿函数评价了国家层面的R&D活动效率，实证结果发现，未考虑外部环境因素影响的R&D活动效率均值为0.65，而在剔除外部环境因素影响后，R&D活动效率均值有显著提高，即外部环境因素对各国的R&D活动效率影响较大，并据此提出了相关的政策建议。Fu和Yang（2009）利用SFA方法评价了OECD国家的R&D创新能力和创新效率，结果显示，R&D创新能力主要受创新资源投入的影响，而R&D创新效率则主要受制度和结构性因素的影响，且R&D创新能力与R&D创新效率之间并无直接关联。Li（2009）基于四种不同的专利产出数据，运用随机前沿分析方法对中国区域的R&D活动效率进行了分析，实证结果表明，中国R&D活动正处于高校、科研机构主导型向企业主导型的过渡阶段，企业的R&D活动效率差异显著大于高校、科研机构的R&D活动效率，其是加剧区域R&D效率差异的主要因素。

DEA方法根据决策单元（DMU）内部结构的复杂性可进一步分为传统DEA方法和网络DEA方法两类。

（1）传统DEA方法：Korhonen等（2001）基于决策单元的偏好信息，利用产出导向型的BCC模型评估芬兰赫尔辛基经济学院的R&D效率，其方法能够促进大学更有效地分配资源。Abbott和Doucouliagos（2003）运用CCR模型、BCC模型测算了1995年澳大利亚大学R&D活动的纯技术效率和规模效率，研究结果发现，不同投入产出指标组合对测算结果影响并不大，各高校均显示出较高的研发效率，其改进空间不大。Sena（2004）运用DEA－Malmquist指数对比分析了1989～1994年意大利高技术企业与非高技术企业的R&D活动效率，研究表明，技术进步的目的主要是提高技术效率，且高技术企业对非高技术企业具有溢出效应。Lee和Park（2005）基于传统DEA方法构建了针对特定要素（投入要素或产出要素）的评价模型，并据此评估了27个亚洲国家的R&D活动效率，实证结果显示，新加坡的R&D综合效率最高，日本的专利效率较高，而中国、韩国的R&D效率相对较低。Cherchye和Vanden Abeele（2005）基于不同的投入产出组合，较全面地测算了1996～2000年八所荷兰大学的R&D效率，实证结果显示，R&D效率随时间的推移发生了较大变化，计量经济学、空间和环境经济学、微观经济学专业具有比较优势。Raab和Kotamraju（2006）运用BCC模型和CCR模型评价和排名了美国50个州的高技术产业R&D活动效率，并与主观赋权的NSER、ER排名方法进行了对比分析。Chen等（2006）采用DEA和Malmquist指数法评价了1991～1999年中国台湾新竹工业园区六个高新技术行业的R&D创新效率，研究结果表明，计算机行业、半导体行业、通信行业的 R&D 效率相对有效，而光电子行业、精密设备行业、生物技术行业的增长潜力相对较高。Wang 和 Huang（2007）使用三阶段 DEA 和优势分析法评价了国家层面的 R&D 活动效率，实证结果显示，剔除外部环境因素影响的 R&D 效率相对较低，只有不到一半国家的 R&D 活动达到有效，且大部分国家具有学术论文优势。Hashimoto 和 Haneda（2008）基于有效前沿面转移思想构建了固定基期的 Malmquist 指数法，并据此详细分析了 1983 ~ 1993 年日本制药业的 R&D 活动效率，结果发现，报告期内制药业企业的 R&D 效率年均下降 7.4%，而制药业行业的 R&D 效率累计下降 50% 左右。Lee 等（2009）运用输出导向型的 BCC 模型测算和比较分析了国家不同类别的 R&D 项目效率，同时重点介绍了包含变量重要性的 DEA 评价方法，并据此提出制定和实施国家 R&D 项目的有效政策。Thomas 等（2009）运用 Malmquist 指数法比较分析了 20 个 OECD 国家、俄罗斯和中国的 R&D 活动效率，其结果进一步证实，中国 R&D 能力的提高主要是由于科技论文，而韩国则主要是由于专利。Guan 和 Chen（2010）基于非径向 RM 模型和相应的 Malmquist 指数法，详细地分析了中国区域 R&D 活动效率，研究结果表明，中国区域 R&D 活动效率处于不平衡和不稳定的状态，且其省际差异正呈现出不断扩大的趋势。Chen、Hu 和 Yang（2011）基于传统 DEA 模型评估了不同国家的 R&D 活动效率，研究结果显示，R&D 产出中的专利效率与总体效率非常相似，而版税、授权费效率则相对较低，科技论文效率则相对较高。Zhong 等（2011）以 2004 年中国第一次经济普查数据为样本，运用 DEA 模型对工业 R&D 效率进行了分析，研究发现，中国工业 R&D 活动效率亟待提高，规模报酬递增现象并未在各省中出现，且 R&D 活动效率与资源投入数量无显著关系。

（2）网络 DEA 方法：Guan 和 Chen（2010，2012）从系统的角度提出了一种可同时测算 R&D 活动整体效率和内部子过程效率的测量框架，即将 R&D 活动分解为上游的研发子过程和下游的商业化子过程，并通过构建关联网络 DEA 模型对 R&D 活动效率进行详细的评价和分析。Li 等（2012）基于合作博弈和非合作博弈理论构建了具有追加投入的扩展型两阶段 DEA 模型，并运用该方法分析了中国区域 R&D 活动效率，结果发现，相对于经济转化阶段，技术研发阶段在 R&D 活动中更为重要。

采用 SEM 模型的主要有：Soho 等（2007）以 2000 ~ 2004 年韩国中小企业为样本，运用 SEM - PLS 模型从绩效内涵视角来评估中小企业的 R&D 基金项目，其评估主要是从 R&D 产出、R&D 环境、资金组织的外部评估方案三个方面进行的。Guan 等（2009）利用《世界竞争力年鉴》和 ESI 数据库，运用 SEM - PLS 方法分析了公共资助的基础研究效率，研究结果表明，各国的 R&D 资源、驱动力、累计优势等外部因素已被成功地开发利用，对基础研究效率具有重要的影响。Chen 等（2011）基于系统视角，试图通过构建 SEM - PLS 模型映射 R&D 创新活动的内部复杂过程，并将 R&D 创新过程分解为 R&D 增量投入、非 R&D 增量投入、历史的知识累积、R&D 环境、R&D 产出等模块，较全面地评估和分析了中国区域和高技术产业的 R&D 活动过程。

2. R&D 活动效率影响因素的相关研究

R&D 活动效率的影响因素有很多，涉及宏观、中观、微观等不同层次，国外相关文献主要集中在以下几个方面：

一是企业所有制类型的影响。Zhang 等（2003）研究发现，所有权类型对中国工业企业的 R&D 活动效率有显著的影响。具体来说，相对于非国有企业而言，国有企业的 R&D 效率相对较低，而外国企业的 R&D 效率最高，显著高于国内集体所有制企业和股份制企业。Tsang 等（2008）比较分析了新加坡 1993 ~ 1999 年的 R&D 活动对国内企业与国外企业的影响作用，研究结果表明，相对于新加坡国内企业而言，外国企业的 R&D 活动具有更高的经济效益，即外国企业的所有权优势对 R&D 绩效有着积极的作用。

二是政府政策的影响。Guan 等（2009）基于北京的问卷调查数据，评估了中国制造业企业的创新战略问题，研究表明，从政府获得科技支持的这些企业通常有更好的绩效表现，且它们已经开始从依赖引进设备和技术转变为本土 R&D 创新的市场经济。Emre 和 Taymaz（2008）重点研究了公共 R&D 支持对土耳其制造业企业研发的影响，结果显示，公共 R&D 支持对私人 R&D 投资具有显著的正向“加速”效应，且规模越小的企业在公共 R&D 支持上的收益越多。Cullmann 等（2012）认为，政府相关的政策提高了 R&D 活动的进入门槛，并降低了部门之间的竞争压力，这在一定程度上对 R&D 活动经费和效率有着重要影响，且其后的实证结果也进一步显示，政府的监管程度越高，R&D 活动的效率相应地越低。

三是公共创新环境、产业集聚环境、创新链接等因素的影响。Furman 等（2002，2004）基于内生增长、国家产业竞争优势和国家创新系统三大理论视角，详细研究了公共创新环境（知识产权保护、对外开放程度、人力资本、政府政策等）、产业集聚环境、创新链接对 R&D 投入绩效的影响。Hu 和 Mathews（2005，2008）基于 Furman 等的框架，采用双对数模型重点分析了影响东亚五国、中国 R&D 创新产出的重要因素，实证结果表明，影响因素对不同类型国家的影响作用并不相同。Wang 和 Huang（2007）基于三阶段 DEA 模型中 R&D 投入松弛量，运用 Tobit 模型分析了人力资本（高等教育入学率）、科技强度（PC 密度）、英语熟练程度等环境因素对国家层面 R&D 活动效率的影响，结果显示，人力资本、英语熟练程度有效地提高了 R&D 活动效率，而科技强度对 R&D 活动效率的影响并不显著。Li（2009）基于中国经济转型的背景，详细分析了 R&D 效率的影响因素，实证结果表明，知识存量（人均 GDP）、政府支持力度、产业集聚环境等显著地影响 R&D 活动效率，而金融机构支持、对外开放程度等对 R&D 效率的影响并不显著。Chen、Hu 和 Yang（2011）通过构建特定产出要素的 R&D 效率指数分析了 R&D 活动效率的影响因素，结果发现，知识产权保护力度、知识存量（人均 GDP）、人力资本、基础设施和 R&D 投入强度等都对 R&D 活动效率具有显著的正向促进作用，且企业 R&D 投入强度的影响作用要显著强于公共 R&D 投入强度。Cai（2011）运用两步 DEA 模型分析了 BRICS、G7 和部分 OECD 国家的 R&D 活动效率及其影响因素，研究结果发现，基础设施、贸易开放度、经济发展水平、自然资源禀赋、金融结构等对 R&D 效率具有显著影响，而人力资本的影响却不总是显著。Guan 和 Chen（2012）基于加性两阶段 DEA 模型评价了 OECD 国家的 R&D 效率，并运用偏最小二乘回归模型（PLS）分别分析了 R&D 活动的两个阶段（知识生产阶段和知识商业化阶段）效率的影响因素。实证表明，知识产权保护强度、基础设施环境、产业集聚环境、R&D 主体间合作性等对两个阶段都有显著作用，而对外开放程度对知识生产阶段有促进作用，对知识商业化阶段却有阻碍作用。

## 二、国内相关文献

### 1. R&D 活动效率评价的相关研究

国内学者对 R&D 活动效率的研究也尝试采用多种方法，主要可归纳为以下三类：一是基于参数技术的随机前沿分析方法；二是基于非参数技术的数据包络分析方法；三是采用多元统计评价方法。

采用 SFA 方法的主要有：刘玲利和李建华（2008）运用面板随机前沿知识生产函数测度了中国区域 R&D 资源配置效率，研究发现，中国 R&D 资源配置效率整体水平较低，效率均值只有 0.260，而效率的等级差距较大，且随时间变化趋势不显著。岳书敬（2008）使用 SFA 研究了中国区域 R&D 活动效率，结果表明，中国 R&D 效率均值在 0.6 左右，东部沿海地区较高，而西部地区相对较低，但东部、中部、西部三大地区之间的效率差距却在逐年缩小。李向东等（2011）以中国高技术产业分行业面板数据为研究对象，分别运用 SFA 和 DEA 测算了高技术产业的 R&D 活动效率，结果发现，考察期内 R&D 活动效率整体偏低，但基本上呈现出逐年上升趋势。肖敏和谢富纪（2009）运用面板 SFA 分析了 2000 ~ 2007 年中国区域 R&D 资源配置效率，结果显示，东部沿海、东北部、中部、西部 R&D 效率呈现“阶梯递减”分布，其中东部沿海虽然是最有效的，但其内部

差异却是最大的。刘和东（2011）应用面板随机前沿函数测度了中国区域 R&D 活动效率及其影响因素，发现相关影响因素对 R&D 活动效率具有重要影响，在考虑影响因素后，R&D 效率经过一个短暂的下降调整，便得到了进一步提升。李婧等（2009）以发明专利作为 R&D 产出，利用随机前沿生产函数对中国各地区 R&D 活动效率进行测算，研究发现，报告期内各地区 R&D 效率均有显著的增长趋势，且与地方经济发展联系越来越紧密。白俊红等（2009）应用超越对数随机前沿模型分析了中国 R&D 活动效率与全要素生产率变动情况，实证结果显示，中国 R&D 效率存在显著地区差异，全要素生产率提高的主要动力是技术进步而非技术效率。师萍等（2011）以 1999～2008 年中国 30 个省市区为样本，运用超越对数生产函数的随机前沿模型测算了中国 R&D 效率，研究发现，中国 R&D 效率虽然较低，存在很大的提升空间，但呈现出一定的增长趋势。刘贵鹏、韩先锋和宋文飞（2012）基于双环节理论框架，运用道格拉斯生产函数的随机前沿技术对中国工业行业的 R&D 效率进行了研究，结果发现，考察期内中国工业行业 R&D 创新转换效率和转化效率均较低，存在较大的差异，但转换效率呈现上升趋势，而转化效率呈现下降趋势。

同理，DEA 方法根据 DMU 内部结构的分解过程，分为传统 DEA 方法和网络 DEA 方法。

（1）传统 DEA 方法：刘顺忠和官建成（2002）运用 DEA 方法评价分析了中国区域 R&D 创新效率，根据评价结果和特点，将各区域创新系统进行分类，并据此提出了相应的政策和建议。莫燕（2004）通过对 2001 年中国部分地区的 R&D 活动效率进行比较分析，发现我国沿海发达地区的 R&D 活动效率 DEA 无效，主要表现为产出的不足。许晓雯和蔡虹（2004）运用 DEA－CCR 方法对中国省际 R&D 投入效率进行了测度与评价，并着重分析了东部、中部、西部三大地区 R&D 投入效率的差异，结果显示，中国区域 R&D 效率具有明显的东高西低的地域分布特点。池仁勇等（2004）运用 DEA 方法来测定中国区域的 R&D 创新效率，结果表明，沿海和中部地区 R&D 效率相对较高，并不存在显著差异，而西部地区 R&D 效率相对较低，创新潜力较大。孙凯和李煌华（2007）利用 DEA 方法对中国区域 R&D 投入效率进行了评价，通过比较不同区域的 R&D 创新效率值，并结合 R&D 投入产出之间的关系分析，得出大多数区域并没有充分利用或低效率利用 R&D 投入。吴和成和刘思峰（2007）在利用统计方法定量地建立 R&D 评价指标体系的基础上，运用 DEA 方法对中国区域 R&D 相对效率进行了评价，结果表明，许多地区的 R&D 效率较低，R&D 资源未能得到充分利用。谢伟等（2008）运用产出导向型的 $C^2GS^2$ 对中国高技术产业的 R&D 综合效率、技术效率和规模效率进行了测算，实证结果显示，报告期内中国高技术产业 R&D 效率呈现平稳的 U 形变化，大部分地区的 R&D 效率水平趋于规模报酬递减。肖静等（2009）运用 SDEA 方法比较分析了 2002～2004 年中国与八国集团和韩国的 R&D 活动效率，结果显示，中国和俄罗斯虽然 R&D 投入产出总量都已取得很大程度的提高，但 R&D 相对效率却仍然低下。白俊红等（2009）应用 DEA 方法分析了 2004～2006 年中国区域 R&D 创新效率，结果显示，中国区域 R&D 创新效率普遍较低，主要原因在于纯技术效率不高，R&D 活动整体表现出投入相对过剩而非产出不足。师萍等（2010）研究发现，1998～2008 年中国 R&D 技术效率存在显著差异，大部分省份 R&D 技术效率较低，没有达到理想的投入产出状态，且 R&D 投入规模与 R&D 技术效率也不存在显著关系。陈伟、赵富洋和林艳（2010）从技术价值、经济价值和社会价值三个维度分析了中国高技术产业的 R&D 活动效率，结果发现，三个维度之间并不存在显著的相关性，使得 R&D 资源没有得到充分利用，制约了高技术 R&D 活动的发展。容美平和王斌会（2010）综合因子分析法和 DEA 方法对中国 2007 年高技术产业的 R&D 活动效率进行了评价，结果显示，东部地区的 R&D 投入产出数量虽超过中西部地区，但由于其规模过大，造成大量的非 DEA 有效性。白少君、韩先锋、朱承亮和宋文飞（2011）基于 VRS 假设下的 DEA－Malmquist 指数法对中国工业行业的 R&D 创新效率进行了分析，结果表明，技术进步和技术效率共同推动了中国工业行业的 R&D 创新效率，且资本密集型行业的 R&D 创新效率要高于劳动密集型行业。韩东林和金余泉（2011）对比分析了上海与皖江城市带的大中型工业企业 R&D 活动效率，结果显示，上海处于 R&D 活动的有效前沿面，而皖江城市带的 R&D 总体效率偏低，存在较大的改善空间。钟卫（2011）基于第二次全国经济普查数据，详细评价了中国工业企业 R&D 活动的投入产出效率，实证表明，R&D 活动的综合技术效率亟待提高，主要是由于规模效率水平较低所导致，且 R&D 投入并没有呈现出明显的规模经济现象。罗彦平（2011）采用投入导向型 CCR 模型、BCC 模型，从行业和地区两个方面，较全面地分析了中国 R&D 投入产出效率，研究结果显示，中国 R&D 投入产出效率总体水平较高，但各地区和各行业之间的效率水平差异较大。姜波（2011）利用 DEA－Malmquist 指数法分析了中国高技术产业的 R&D 效率，研究发现，中国高技术产业 R&D 效率呈现出不稳定的增长态势，技术进步是其增长的主要动力来源。尹伟华和袁卫（2012）运用 CCA 和 WRM 视窗分析模型对 2004～2008 年中国的 R&D 效率进行了评价和趋势分析，结果表明，考察期内中国 R&D 效率较低，呈现出缓慢下降趋势，且存在明显的地区差异。段宗志和曹泽（2012）运用 DEA 模型对中国区域 R&D 效率进行了较全面的测算，其测算包括全部投入产出，以及某个投入和全部产出，或是全部投入和某个产出的 R&D 效率，并在此基础上进行了聚类分析。杨苏（2012）从综合技术效率、规模效率、纯技术效率三个层面对比分析了 2008 年合肥经济圈高技术产业 R&D 活动的投入产出效率。杨惠瑛和王新红（2012）探讨了 2000～2008 年中国高技术产业 R&D 效率，研究结果发现，报告期内的 R&D 效率相对较高，呈现出一定的波动增长趋势，且大多行业具有规模收益递增的特征。胡象明和李心萌（2012）基于产出导向型的 DEA 模型对 2010 年中国高技术产业的 R&D 效率进行了测算，由于纯技术效率处于有效前沿面上，高技术产业 R&D 效率的高低主要是受规模效率的影响。韩东林和胡姗姗（2012）利用第二次全国 R&D 资源清查数据，对中国区域政府研究机构的 R&D 效率进行了测算，结果显示，大部分政府研究机构的 R&D 活动非 DEA 有效，主要是由纯技术效率过度低下引起的。

（2）网络 DEA 方法：官建成和何颖（2005）以三种专利作为中间产品，运用独立的两阶段 DEA 模型，较详细地评价了中国区域 R&D 活动的两阶段及总体效率，通过分析发现，R&D 活动效率与经济技术程度并没有直接联系。任胜钢和彭建华（2007）运用链式结构模型描述了创新主体从最初的科技投入转化为最终的经济产出的过程，并据此比较分析了中国中部六省的科技活动投入产出效率。郑坚和丁云龙（2008）利用中国 2001～2005 年区域高技术产业 R&D 投入产出数据，详细分析了 R&D 创新活动的"技术开发"和"技术转化"两个阶段的边际收益特性，以及各区域两个阶段的相对效率。谢建国和周露昭（2007）以 2000～2004 年中国 30 个省市区为样本，将 R&D 活动的有效性分解成"技术有效性"和"经济有效性"两个阶段，研究发现，中国 R&D 活动效率的地区和阶段均存在显著差异。杨峰等（2008）运用虚拟系统法构建了固定规模报酬（CRS）假设下的网络 DEA 模型，比较分析了国家层面的 R&D 创新系统效率，研究表明，没有任何国家的 R&D 创新效率是有效的，都需要进一步改善，同时也证明了该方法的评价结果较之传统方法更为合理。余泳泽（2009）从价值链视角出发，运用非径向的 DEA－SBM 模型估算和分析了高技术产业 R&D 活动的两个阶段，实证结果显示，两个阶段低效的主要原因是由纯技术无效引起的，且都呈现出持续恶化的态势。陈伟等（2010）运用规模报酬可变（VRS）假设下的关联网络 DEA 模型评价和分析了中国区域 R&D 活动效率，研究结果显示，R&D 活动的整体效率及其内部子过程效率的改善程度都相对较大。庞瑞芝（2010）基于 R&D 创新的网络化特征，将 R&D 活动分解为"创新资源转换"与"创新知识转化"两个阶段，通过构建关联网络 DEA 模型对中国八大经济区的 R&D 活动效率进行了分析，结果表明，八大经济区的 R&D 活动效率呈现出稳定的上升趋势，这主要由第二阶段效率的上升拉动。黄舜和管燕（2010）基于 R&D 投入要素和产出成果的不同形式，利用资源共享型的两阶段 DEA 模型，对 1999～2007 年中国高技术产业的 R&D 创新效率进行了科学的测度。付强和马玉成（2011）利用链式 DEA 模型对比分析了 1998 ~2009 年中国高技术产业 R&D 活动的转换效率和转化效率，研究显示，R&D 创新活动的转换效率逐年提升，转化效率逐年下降，但高技术产业之间的 R&D 效率差距却逐年缩小。黄攸立和王茜（2011）基于大学和产业间的合作机制，构建了相应的多系统 DEA 模型，并据此对 2008 年中国各省市大学产业系统的 R&D 效率进行了评价，同时也分别测算了企业和高校的 R&D 效率情况。李邃等（2011）运用固定规模报酬的关联网络 DEA 模型测算了江苏省 R&D 活动的整体效率和内部子过程（科技研发子过程和经济转化子过程）效率，并在此基础上，选取与江苏省 R&D 投入强度相近的五个国家，进行了相应的效率对比分析。尹伟华（2012）根据 R&D 活动的复杂性，将高技术产业的 R&D 活动分解为两个阶段，通过构建相应的网络 DEA 模型较全面地评价了中国高技术产业的 R&D 活动效率，研究发现，中国大部分地区高技术产业的两阶段效率表现为双重低效或一高一低，且存在明显的区域差异。尹伟华（2012）将 R&D 活动分解为高等学校、科研机构、企业三大执行主体，并构建了具有并形结构的关联网络 DEA 模型对中国 R&D 活动效率进行研究，结果表明，中国 R&D 效率偏低的主要因素是科研机构，且东部、中部、西部呈现出显著的“阶梯分布”特征。

采用多元统计评价方法：张运生等（2004）通过 R&D 人员、R&D 团队、R&D 部门和企业四个不同角度反映企业 R&D 绩效，在此基础上运用主成分分析法对随机抽取的 20 家高技术企业进行评价，并进一步证明了该方法具有普遍的应用价值。赵涛和张爱国（2006）基于因子分析法，对中国区域 R&D 效率水平进行了评价，研究发现，相对于中西部地区而言，中国沿海地区的 R&D 效率值普遍较好，部分地区的 R&D 创新阶段和产业化阶段存在严重脱节。唐炎钊（2004）参照可持续发展指标体系，从知识创新能力、知识流动、企业创新能力、科技创新环境等方面，采用模糊综合评价模型对 2011 年广东、北京、上海等 10 省市的科技创新绩效进行了综合评价。张薇（2007）等利用主成分分析法对陕西省 1998 ~2004 年的区域 R&D 活动绩效进行了测度，研究结果显示，报告期内陕西省的 R&D 活动综合绩效状况处于中等水平，且呈现出良性的发展趋势。苏仁辉等（2008）利用 2004 年中国第一次经济普查数据，基于因子分析法对中国 27 个地区农副食品加工业的 R&D 绩效水平进行了评价，研究发现，中国大部分地区的科研产出能力较弱，研发成果的商业化水平也较低。陈海波和刘洁（2008）基于 2004 年中国经济普查数据，运用因子分析法估算了中国工业企业 R&D 活动的综合水平，并辅之以聚类分析对不同区域的 R&D 资源配置水平进行了合理分类。韩兆洲和朱珈乐（2012）基于 OCDE 关于 R&D 活动的定义，构建了相应的

R&D 活动投入产出绩效评价指标体系，并据此运用层次分析法对广东省各地区的 R&D 活动投入产出绩效进行了综合评价。

2. R&D 活动效率影响因素的相关研究

国内学者关于 R&D 活动效率影响因素的实证分析，大体上可以分为以下四类：

一是融资结构的影响。李辉和马悦（2009）采用面板数据模型研究了融资结构（企业、金融机构、政府）对中国高技术产业 R&D 活动投入绩效的影响，实证研究表明，金融机构贷款对高技术产业 R&D 活动投入绩效影响最显著，而政府资金的影响作用并不显著。史欣向和陆正华（2010）基于中间产出、最终产出效率视角分析了广东省民营科技企业 R&D 活动效率的影响因素，结果发现，资本类型对两种效率具有不同的作用，其虽然有利于最终产出效率，但却阻碍了中间产出效率。刘伟（2010）运用面板数据模型探讨了中国高技术行业 R&D 产出绩效的影响因素，实证结果显示，融资结构显著影响了企业 R&D 产出绩效，不仅融资贷款自身的使用效率较低，而且也具有明显的“挤出效应”。

二是政府作用的影响。朱平芳和徐伟民（2003）运用随机效应的面板数据模型动态地分析了政府科技政策对工业企业 R&D 投入产出的影响，研究发现，政府激励政策有效地提高了 R&D 活动效率，两者的变化趋势具有高度一致性。邓向荣、刘乃辉和周密（2005）以中国科技计划项目为例，分析了政府科技投入非效率存在的问题和成因，研究结果显示，政府虽然在直接科技投入中具有一定作用，但应及时地向间接政策引导方向转变。刘丹鹤和杨舰（2006）运用修正 C－D 生产函数，分析了政府实施科技管理及其有关科技政策能够提高 R&D 收益、有效地促进经济增长的重要性。涂俊和吴贵生（2006）基于 DEA－Tobit 两步法对中国农业 R&D 创新效率进行了测算，并以此为基础分析了 R&D 创效效率的影响因素，研究发现，政府的科技支持并不是显著的影响因素。陈修德和梁彤缨（2010）发现，政府的资金支持对中国高技术产业 R&D 效率的影响虽然为正，但其并不显著，因此，政府应变革现有的资金支持方式，向“过程支持”和“结果支持”并重转变。

三是企业性质和企业规模的影响。姚洋和章奇（2001）采用等距随机抽样方式抽取样本，运用随机前沿生产函数研究了企业技术效率的影响因素，研究发现，国有企业的技术效率小于非国有企业，中小企业的技术效率小于大企业。吴延兵（2006）运用知识生产函数讨论了企业规模、产权结构等对 R&D 效率的影响，实证结果表明，规模不同的企业在提高 R&D 效率方面都有各自的优劣势，两者关系不明显，而国有产权比重对 R&D 效率具有显著的负影响。李剑和沈坤荣（2009）采用动态面板协整向量重点研究了国有企业和三资企业的研发对产出的影响，发现在规模报酬不变的假设下，国有企业的研发效率相对较低，而三资企业的研发对产出的影响并不显著。戴魁早（2011）运用面板单位根和面板协整研究了中国高技术产业 R&D 效率，结果显示，国有企业对 R&D 效率具有显著的负向作用，而企业规模对 R&D 效率具有显著的正向作用。张海洋（2010）分析了 1999 ~ 2007 年大中型工业企业 R&D 效率的影响因素，发现企业规模抑制了 R&D 效率的提高，而非国有企业促进了 R&D 效率水平，增强了自主创新能力。周凡磬等（2012）分析了中国工业行业 R&D 双环节效率及其影响因素，研究发现，企业规模有效地促进了 R&D 双环节效率提升，而国有产权对 R&D 转化效率的影响为负，但对 R&D 转换效率的影响却并不显著。

四是人力资本、对外开放程度、产业结构和基础设施等因素的影响。李习保（2007）实证分析了人力资本、产业结构等对区域 R&D 效率的影响，结果发现，人力资本和产业结构对 R&D 效率具有显著的影响，而对外开放程度对 R&D 效率的影响却并不显著。岳书敬（2008）以 1998 ~ 2005 年中国省际面板数据为样本，详细研究了中国 R&D 获得效率及其影响因素，结果表明，外商直接投资、对外贸易和人力资本都对 R&D 效率的提高起到积极的推动作用。师萍等（2011）运用 SFA 测算了中国 R&D 效率，并重点考察了贸易依存度、外资依存度、工业化水平和信息化水平等环境因素对技术无效率的影响程度。尹伟华（2012）基于客观加权的网络 SBM – Tobit 模型分析了中国高技术产业技术创新效率的影响因素，研究发现，虽然对外开放的影响并不显著，但区域经济实力、产业机构等都对技术创新效率具有显著的正向促进作用。

## 第三节　文献述评

国内外学者在 R&D 活动效率评价领域中进行了大量的研究，获得了多方面的重要成果，为研究 R&D 活动效率奠定了坚实的理论基础，同时也提供了有益的实证借鉴。综观上述研究成果，其主要是基于研究目的，首先构建相应的指标体系，再运用随机前沿分析法、数据包络分析法等对 R&D 活动效率进行评价和分析，并在此基础上深入探讨产生无效率的原因，最后根据结果提出相应的政策建议。但是，上述研究无论是研究内容还是评价方法都存在一些不足，主要表现在以下几个方面：

第一，在 R&D 活动效率评价方法方面，大部分文献运用随机前沿分析方法或数据包络分析方法，但这些方法都不同程度地存在一定的缺陷。

随机前沿分析方法主要是基于参数技术，运用计量经济学的方法估计各投入要素的参数，并在此基础上估计出相应的效率。随机前沿分析方法一方面能够方便地检验估计结果的显著性，另一方面也考虑了随机因素的影响，即将误差项分为技术无效率项和随机误差项两部分，这在一定程度上避免了统计误差对效率的影响，有效地改善了估计结果。但由于 R&D 活动是一个多投入和多产出的复杂系统，而 SFA 只能处理单一产出，且需要较高的样本量，预先应正确设定函数的形式，技术无效率项假设服从特定分布等，导致 SFA 在评价 R&D 活动效率上存在一定的局限。

数据包络分析方法主要是基于非参数技术，利用数学规划模型构建以最大产出或者最小投入为效率边界，测算出各观测点与边界之间的距离差距程度。DEA 可以用来评价相同类型的多投入多产出决策单元（DMU），具有不需要预先确定前沿生产函数形式、不需要处理数据量纲和确定指标权重等优点，所以该方法被广泛运用于 R&D 活动效率评价之中。并且，最新的模拟实验结果也显示出，基于 DEA 的效率评价法要优于参数估计法（Banker 和 Natarajan，2008），这也在 R&D 活动效率的实证评价中得到了证明（Lee 和 Park，2005；Wang 和 Huang，2007；Hashimoto 和 Haneda，2008；Sharma 和 Thomas，2009）。但由于传统 DEA 方法将 R&D 活动看成是一个只有投入产出的大系统，将其过程视为“黑箱”，忽视其内部子过程之间的相互联系和相互作用，因而并不能对 R&D 活动的内部结构和内部效率加以评价与分析。

同时，虽然少数文献运用了网络 DEA 方法，将“黑箱”分解成“灰箱”，但一方面由于其将各子过程视为独立的，遗漏了各子过程之间的重要信息；另一方面由于使用的网络 DEA 属于径向和线性分段形式的度量，没有充分考虑到投入或产出的松弛量问题，并且也存在很难扩展的现象，如 Kao 和 Huang（2008）、Kao（2009）等提出的网络 DEA 模型只能基于 CRS 假设，即在 CRS 假设下，整体效率等于各子过程效率的连乘积，但是推广到 VRS 假设下，就不具有这样的性质。

由于大部分文献的评价方法存在上述缺陷，致使 R&D 活动效率评价的结果是有偏的或不够准确的，因此，有必要在传统 DEA 方法的基础上，综合考虑 R&D 活动内部结构及相互之间的关联，同时将投入或产出松弛量放入目标约束中，构造出关联网络 DEA – SBM 方法对 R&D 活动效率进行更加科学、准确的评价。

第二，在 R&D 活动效率评价指标体系构建方面，目前还没有形成一套公认的或普遍接受的评价指标体系，即可移植性的研究成果并不多见。国内外学者主要是根据自己研究的目的或侧重点，选取了不尽相同的投入产出指标，并形成了相应的评价指标体系。虽然这些评价指标体系为测算和分析 R&D 活动效率发挥了一定的作用，但由于并不是完全建立在 R&D 活动效率内涵的基础上，也没有考虑中国的具体国情和相关专家的意见，使得这些评价指标体系具有一定的片面性。

同时，R&D 活动的实现过程是一个复杂的系统，是从研究到开发、从科技到生产、从产品到市场的一系列活动过程。但大部分文献的 R&D 活动效率评价指标系统只是将 R&D 活动看作一个单一的生产过程，即将 R&D 活动看成只有投入产出的大系统，没有考虑指标作用的先后顺序，从而使得构建的指标体系不能准确反映 R&D 活动的内在运行过程。例如，投入要么没有考虑到 R&D 活动的辅助资源（非 R&D 资源投入），要么没有区分 R&D 资源和非 R&D 资源；产出要么以直接产出（科技成果产出）或间接产出（经济效益产出）为主，要么不加区分地将其共同作为最终产出。因此，为了有效地评价和分析 R&D 活动效率，我们既要兼顾中国 R&D 活动的实际情况，又要揭示出 R&D 活动的复杂生产过程，才能构建出更加科学、合理的 R&D 活动效率评价指标体系。

第三，在 R&D 活动投入产出现状分析方面，国内外学者主要是从投入、产出两个方面分别进行分析。其在内容上重点关注的是 R&D 活动投入、产出指标的总量、速度和强度等方面，缺乏对投入、产出内部结构变化情况的研究。王瑜睁（2007）认为，在结构方面没有得到优化和调整好之前，单纯地依靠增加 R&D 投入（或产出），只能是对资源的浪费，同样会形成 R&D 活动的低效率。只有通过对指标的结构分析，才能及时地发现问题，揭示总体内部构成的合理性，实现 R&D 资源的优化配置。R&D 活动的投入、产出指标按不同的标准分类，可以进行不同的结构分析，如在 R&D 投入中，按执行主体不同可以分为企业、科研机构、高等院校；按活动类型不同可以分为基础研究、应用研究、实验发展；按资金来源可以分为企业资金、政府资金、其他资金等。在 R&D 产出中，专利可以分为发明专利、实用新型专利、试验发展专利；科学论文可以分为 SCI、ISTP、EI 等。

同时，由于 R&D 活动作为一项生产活动，其生产过程既包含投入也包含产出，即投入和产出共同发生于同一生产过程，如果仅仅是从投入和产出两个角度分别独立地对 R&D 活动现状进行描述，可能会使分析结果产生不一致现象，或者不够全面、准确。因此，有必要在上述分析的基础上，同时考虑 R&D 投入和产出，从全局视角来探讨投入和产出之间的数量关系，如 R&D 活动的投入产出弹性分析等，这对进一步优化 R&D 资源配置水平具有重要的现实意义。

第四，在 R&D 活动效率评价方面，国内外学者存在效率测算的单一，关于 R&D 活动效率的影响因素分析较少涉及。由于效率评价只能对 R&D 活动效率进

行测算和分析，并不能对 R&D 活动效率的影响因素进行分析，因此，为了进一步深入探讨影响 R&D 活动效率的各种外部环境因素，找出效率改进的方向和途径，需要从理论方面系统地分析这些影响因素，并加以实证检验。一般来说，R&D 活动效率的影响因素分为三个层面：微观层面、中观层面、宏观层面。一方面，由于受数据可得性的限制，通常较难获得具体的企业微观数据，这使得宏观、中观层面的影响因素研究变得更加重要。同时，宏观和中观层面的影响因素分析更利于政府运用计划、政策、法规等手段，从整体上对 R&D 活动效率进行间接的干预和调整。另一方面，R&D 活动效率是一个受限变量，其数值介于 0 ~ 1，若直接用经典的线性回归方法对影响因素模型进行参数估计，将导致参数估计的结果是有偏且不一致的。因此，有必要运用受限因变量的 Tobit 回归模型，从宏观、中观两个层面来对 R&D 活动效率的影响因素进行研究。同时，面板数据包含了横截面与时间两个维度，一方面可以提供更多的个体动态行为信息，另一方面可以增大样本容量，进而在一定程度上提高估计精度。因此，应采用面板 Tobit 模型，但是在面板 Tobit 模型中，由于固定效应通常得不到参数的一致性估计值，故采用随机效应的 Tobit 模型是更加适合的（张海洋，2010）。

# 第三章　R&D 活动效率评价指标体系构建

指标体系的构建过程是一个对评价对象数量特征逐步深化、逐步求精与完善的过程。科学有效的 R&D 活动效率评价指标体系，是运用效率评价模型进行 R&D 活动效率评价的基础，是 R&D 活动取得良好效果的重要保证，同样也是后续进行 R&D 活动效率影响因素分析的有效依据。因此，建立一套科学、全面、系统的效率评价指标体系是 R&D 活动效率评价的核心和关键，在整个评价过程中具有非常重要的地位。

## 第一节　指标体系构建的原则

R&D 活动是一个复杂的系统过程，其效率评价指标体系的构建也是相对比较复杂的，而不是任意相关指标的随意和简单组合。因此，为了构建一套结构合理、逻辑严密、系统全面的评价指标体系，在设计 R&D 活动效率评价指标体系时必须遵循以下基本原则。

### 一、目的性原则

目的性原则是构建评价指标体系的根本点和出发点，其是衡量评价指标体系是否合理有效的一个重要标准。评价指标体系应能够对评价对象（R&D 活动）进行客观描述，能够支撑最高目标层的评价标准，为评价结果的判定提供依据。设计 R&D 活动效率评价指标体系的目的在于：根据 R&D 活动效率的综合评价结果，找出 R&D 活动发展的“瓶颈”所在，通过改善其不足之处，最终实现现有 R&D 资源的效益最大化，从而提高科技创新能力。因此，指标体系的构建必须紧紧围绕上述评价的总体目的，结合区域或行业的具体情况，选取那些与总体目的紧密相关的指标，剔除那些与目的无关或是关系不明确的指标。

## 二、科学性原则

科学性原则是指标体系建立的重要原则，主要体现了理论与实践相结合，具体包括评价指标内涵的正确性、评价指标体系的完备性、评价过程的逻辑性、评价方法的科学性等方面。科学性原则要求所选取的评价指标应能够体现 R&D 活动效率的实质含义，力求系统、综合、全面，尽量从不同的侧面反映出 R&D 活动效率的真实情况，这样做出的评价才具有科学性和客观性。也就是说，评价指标体系中的每一个指标，无论是质的规定，还是量的规定，都必须经过反复的研究、筛选和修改，在理论上要有一定的科学理论依据，在实践上要可行而有效。因此，一方面，选取的评价指标应该能反映 R&D 活动的特征，根据其区别于其他事物的特殊性来设置；另一方面，选取的评价指标的口径范围、含义、计算方法、时间和空间范围等方面都必须具有明确、独立的界定，不能同一指标出现多种不同的解释，让人产生误解或造成歧义，从而导致评价结果的差异。

## 三、系统性原则

R&D 活动本身是一个复杂的系统，从外延来看，它由若干个相互联系和相互作用的子系统构成，其生产活动涉及资源投入、研究开发，产品生产、产品销售等一系列过程。例如，按价值链视角，R&D 活动可分解为科技研发过程和经济转化过程两个阶段（尹伟华，2012）；按执行主体视角，R&D 活动可分解为企业子过程、高校子过程、科研机构子过程（尹伟华，2012）。系统性原则要求把区域或行业 R&D 活动过程视为一个开放的系统，但各子系统之间的指标并不是相互独立的，而是相互之间有信息、物质等的交换。因此，为了系统深入地反映区域或行业 R&D 活动的内在本质、内部结构特征，一方面，要求评价指标体系全方位、多角度地反映区域或行业 R&D 活动的整个系统，而不能仅仅反映其中的某一子系统；另一方面，由于系统之间具有一定的层次性和关联性，在指标设计时要从最高系统层出发，逐层建立相对完整的评价指标体系，并反映出各层和各类指标之间的相互关联性。

## 四、全面性和精简性相结合的原则

全面性要求所构建的 R&D 活动效率指标体系涉及多个方面，其评价指标覆盖面广，内容丰富，能够全面并综合地反映 R&D 活动投入产出的状态和发展趋势。在设计 R&D 活动效率评价指标体系时，一方面，要提取不同区域（宏观层面）或行业（中观层面）R&D 活动的共性，使所构建的评价指标体系能尽量满足不同区域或行业的评价要求；另一方面，要区分相关指标的先后作用顺序，既要反映出 R&D 活动的直接产出，也要反映出其间接产出，既要反映出原始资源投入，也要反映出其辅助资源投入等。但由于评价指标体系的设计是一项巨大的工程，相关指标选取得越多，数据收集的工作量和花费的成本也就相应越大。因此，在构建 R&D 活动效率评价指标体系时，除了考虑指标体系具有全面性外，还要尽量保证其具有精简性。也就是说，在符合目的性、科学性、系统性等基本评价原则的基础上，要尽量删除重复或冗余的指标，对于意义相似的多个指标应选择其中的少数几个代表性指标来反映其评价内容，以期减少评价指标个数，降低成本、提高效益。

### 五、可操作性原则

任何评价指标体系的构建，首先考虑的应该是具有可操作性原则，如果构建的评价指标体系不能应用于实际操作，那么该指标体系也是没有任何意义的。因此，在设计指标体系时，除了遵循全面性、系统性等原则外，应使所选取的指标内容简明扼要、意义明确，尽可能具有可操作性。具体来说，一是选取指标要容易量化，便于选择统计方法或数学模型对其进行量化分析。二是资料来源要具有可获取性，有平稳的数据来源，即指标要便于在公开资料（如官方公布的统计年鉴、统计公报、统计报表等）中获取到相关的数据，对于无法从公开数据中获取到的，应尽可能通过问卷调查方式得到相关的数据。如果指标的数据来源渠道不通畅，不能获取到充足的相关数据，不管其评价指标设计得有多好，也是不具有现实可行性的。三是所构建的指标体系力求达到定义明确、方法简洁、表达方式易懂、结构体系合理、数量繁简适当等，便于评价人员理解、实际应用和推广。

## 第二节　R&D 活动效率评价指标体系的构建

R&D 活动区别于物质生产领域的其他活动，其不仅包括知识、技术等的突破和积累，而且包括经济、市场价值的实现，即 R&D 活动是一个多阶段、多要素的生产过程。这意味着 R&D 活动要想进行科学合理的效率评价，除了关注 R&D 活动整体效率之外，还应该关注其内部子过程效率，即将 R&D 活动内部过程进行分解。

### 一、R&D 活动的两阶段过程

最早提出创新理论的熊彼特（Schumpeter，1990）提出，创新就是将新科技

发明应用到经济活动中所引起的生产要素与生产条件的重新组合，即一种全新的生产函数的建立。自此以后，学术界开始从生产的角度来研究创新。在熊彼特看来，创新不仅是一个技术范畴，更应该是一个经济范畴。与此同时，也有许多其他的学者或机构对创新的概念进行了表达和理解，尽管并不完全相同，但对“创新伴随着科技成果的商业化过程”这一核心问题的认识是完全一致的。例如，弗里曼（Freeman，1982）认为，创新是新技术、新工艺、新系统等商业性转化的全过程。OECD（1992）认为，创新是新产品、新工艺等的首次商业性转化，其过程必须是在市场上实现了创新，或在生产工艺中应用了创新。艾米顿（Amidon，1993）认为，创新的目的是通过将新知识、新思想等商业化，提高国民经济的活力，促进社会进步以及企业的成功。许庆瑞（2000）认为，创新是一个新的思想从提出到首次辅助实施，并取得预期的实际效益的非连续过程。蔡晓月（2009）认为，创新是从科学发现与发明到研究开发成果被引入市场，实现商业化和应用扩散的一系列科学、技术和经营活动的全过程，是从最初的发现直到最后商业化的成果。

作为科技活动中最具有创造性和创新性的 R&D 活动，其是创新的核心内容，所以 R&D 活动的整个过程必然也包含“经济、市场价值”过程。新知识、新技术、新工艺等科技成果的产生与形成仅仅是 R&D 活动的基础环节（或第一阶段），科技成果的商业化应用（即科技成果的经济、市场价值的实现）才是 R&D 活动的最终目标。如果我们仅仅以这些科技成果来界定 R&D 活动的产出，则是不完整、不科学的，甚至是相当危险的。基于上述相关文献，从线性生产的角度看，R&D 活动是一个从研究到开发、从科技到生产、从产品到市场的多阶段、多要素的价值链传递过程。概括而言，R&D 活动主要包括三个方面：R&D 资源投入，如 R&D 人力投入、R&D 资金投入等；R&D 活动的中间产出，即科技成果产出，如专利、科技论文和专著等；R&D 活动的最终产出，即经济效益产出，如新产品产值、新产品销售收入等。科技成果作为中间产出，既是 R&D 资源投入的结果，又是经济效益产出的前提。因此，以中间产出（科技成果）为界，可以将 R&D 活动的投入产出过程分解为两个阶段（见图 3－1）。

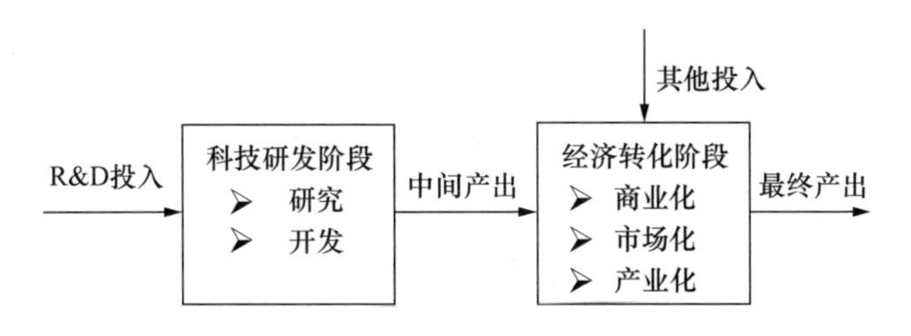


**图 3－1 R&D 创新活动的两阶段过程**

1. 科技研发子过程

第一阶段是上游的“科技研发子过程”。科技研发子过程是指通过原始的 R&D 资源投入研究与开发科学技术，并最终以专利和非专利技术、科技论文和专著等知识形式表现的科技成果产出——R&D 活动的直接产出。科技研发是科学技术商业化、市场化、产业化的前提，其主要是为了增加知识总量，以及运用这些知识去创造新的应用而进行的系统的、创造性的工作。

2. 经济转化子过程

第二阶段是下游的“经济转化子过程”。经济转化子过程是指通过将科技研发子过程产生的具有实用价值的科技成果进行商业化应用、市场化推广和产业化生产等，并最终以产品的形式流入市场，从而获取经济效益产出——R&D 活动的最终产出。经济转化子过程是 R&D 活动的第二个阶段，是科技研发子过程的继续和深入，在一定程度上决定了整个 R&D 活动的创新能力。

## 二、R&D 活动效率的评价指标体系

近年来，随着人们对 R&D 活动的不断深入理解，一些学者基于价值链视角对 R&D 活动效率评价指标体系进行了相应的研究。本书以相关文献为参考，按照目的性原则、科学性原则、系统性原则、全面性和精简性相结合的原则、可操作性原则，并结合上述 R&D 活动的理论分解过程，以期构建出更加科学合理的 R&D 活动效率评价指标体系。

1. 科技研发子过程指标体系

科技研发子过程是 R&D 活动的第一个阶段，其投入一般包括人力投入和资金投入两类。R&D 人力投入是指调查单位内部直接从事三类活动（基础研究活动、应用研究活动和试验发展活动）的人员，主要包括直接从事三类活动的人员以及参与管理和提供服务的人员。目前，衡量 R&D 人力投入的指标主要有 R&D 人员数量和 R&D 人员全时当量。相对于 R&D 人员数量而言，由于 R&D 人员全时当量将全时人员和非全时人员区别对待，从而使 R&D 人力投入估计相对更加准确，因此成为国际上通用的用于比较 R&D 人力投入的指标。R&D 人员全时当量是指非 R&D 全时人员与 R&D 全时人员①按实际工作时间折算的工作量总和。R&D 资金投入是指调查单位用于开展 R&D 活动的实际费用，主要包括用于 R&D 项目的直接支出，以及其他间接用于 R&D 活动的服务费、管理费、外协加工费等。目前，衡量 R&D 资金投入的指标主要包括流量指标的 R&D 经费内部支出和存量指标的 R&D 资本存量。一方面，由于 R&D 资本存量的测算涉及多个参数或

① R&D 全时人员是指报告年度调查单位实际从事 R&D 活动累积工作时间占全部工作时间的 90% 及以上的人员。

变量的选择与确定，如初始 R&D 资本存量、R&D 价格指数、折旧率等，而现行的统计年鉴中又缺乏上述相关数据，因此，要想测算 R&D 资本存量就必须进行相应的假设，而这些假设是否符合现实情况也是值得商榷的；另一方面，本书重点考察的是短期内的 R&D 活动效率，即进行网络 DEA 效率评价，而不是运用回归方法来探索 R&D 活动的长期影响（Guan 和 Chen，2010）。基于此，本书选用 R&D 经费内部支出来衡量 R&D 活动的资金投入。

科技研发子过程的产出（即 R&D 活动的直接产出）主要包括技术成果产出和科学成果产出两类。其中，技术成果产出包括专利技术产出和非专利技术产出。非专利技术成果产出是企业为了应对市场环境的变化而进行的技术储备，其是将所掌握的技术诀窍或技术方案以商业秘密的形式保护起来，以期保持自身的市场竞争优势。由于非专利技术是未经公开的，主要以商业秘密的形式存在，其数据是很难获取到的，故选用专利技术来衡量技术成果产出。专利是指对发明人的发明创造进行保护的法律形式，是由专利局审查合格后，依据相关的专利法授予设计人或发明人享有的专有权，形成专利的条件必须是对外公开的，其主要包括发明专利、外观设计和实用新型。专利作为一项科技成果产出一直是受到国内外学者质疑的，正如 Griliches（1990）所指出的，“并不是所有的发明都是可专利化的，也并不是所有的发明都被专利化了，而且专利化的发明在质量以及经济价值等方面也存在很大的差异”，但由于其易得性、通用性的特点，专利仍然是目前许多学者衡量技术成果产出的常用指标。专利既可以在其他国家申请，也可以在本国内申请，但由于国外专利申请的不便性和复杂性，专利主要以国内申请为主，国外申请的专利数量则非常少。专利技术成果产出包括专利申请数和专利授权数，由于专利机构等人为因素对专利授权数的干扰性较大，使得专利授权数容易出现较大变动，因此，本书选取国内专利申请数来衡量技术成果产出。科学成果产出主要包括公开发表的论文和专著等科技出版物，但由于缺乏学术专著的相关数据，故选用国外三大检索工具（科学引文索引，SCI；工程索引，EI；科学技术会议录索引，ISTP）收录的科技论文数来衡量科学成果产出。科技研发子过程的投入产出指标体系如表 3－1 所示。

**表 3－1　科技研发子过程的投入产出指标体系**

| 一级指标 | 二级指标 | 三级指标 |
|---|---|---|
| 投入指标 | R&D 人力投入 | R&D 人员全时当量 |
| | R&D 资金投入 | R&D 经费内部支出 |
| 产出指标 | 技术成果产出 | 专利申请数 |
| | 科学成果产出 | 国外三大检索工具收录的科技论文数 |

2. 经济转化子过程指标体系

经济转化子过程是 R&D 活动的第二个阶段，也是科技研发子过程的继续，其投入除了包括科技研发子过程的部分产出外，还包括一些其他的非 R&D 资金投入。R&D 活动的创新过程应该主要包括非商业化的科学创新和商业化的技术创新两个方面。其中，科学创新主要是用于科学探索，而非商业化过程（Furman 等，2002）。虽然科学创新也是技术创新的源泉，但由于其转化过程是需要相当长时间的，因此，科学成果产出（如科技论文、专著等）短期内应被看作一个非商业化的最终产出，即作为科技研发子过程的最终产出（Liu 和 White，2001；Guan 和 Chen，2012）。而技术创新则是在将 R&D 资源投入转化为技术成果产出的同时，将其进一步转化为经济效益产出，即技术创新是伴随着商业化过程的，因此，技术成果产出（如专利等）应作为中间产品进入经济转化子过程，最终转化为经济效益产出。综上所述，可以认为专利成果产出作为 R&D 活动的中间产出，其既是科技研发子过程的成果产出，又是经济转化子过程的技术投入。在经济转化子过程中，由于新产品的推出不仅可以靠新专利的经济价值来实现，而且可以通过非专利要素（非 R&D 资源）来实现（Liu 和 Buck，2007；官建华和陈凯华，2009），如技术改造经费支出、技术获取经费支出（技术的购买、引进经费和技术的消化、吸收经费），所以，为了剔除其他要素投入对 R&D 活动效率评价的影响，经济转化子过程的投入除了科技研发子过程中继续进行商业化的技术成果产出外，还应该包括技术改造经费支出、技术引进经费支出、技术消化吸收经费支出、购买国内技术经费支出的非 R&D 资源投入。

R&D 活动的最终目的是将科技研发子过程的产出成果商业化、市场化和产业化，并最终转化为现实生产力。根据上述 R&D 活动的分解理论及相关文献，经济转化子过程的产出，即 R&D 活动的最终产出，主要包括工艺创新成果和新产品创新成果（郑坚和丁云龙，2007，2008）。工艺创新产出反映 R&D 活动生产过程的技术进步，如降低生产成本、提高产品质量、改善工作环境等，其是面向过程的，很难直接量化。新产品创新是以工艺创新为先导和前提条件的，其成果反映了新技术或新产品实现经济效益的过程。由于缺乏新技术收益性产出的相关数据，故只能通过新产品收益性产出来衡量 R&D 活动的经济效益产出。目前，衡量经济转化子过程产出的主要指标为新产品总产值、新产品销售收入（庞瑞芝，2010）。经济转化子过程的投入产出指标体系如表 3-2 所示。

**表 3-2 经济转化子过程的投入产出指标体系**

| 一级指标 | 二级指标 | 三级指标 |
| --- | --- | --- |
| 投入指标 | 技术成果投入 | 专利申请数 |
| | 非 R&D 资源投入 | 技术改造经费支出 |
| | | 技术引进经费支出 |
| | | 技术消化吸收经费支出 |
| | | 购买国内技术经费支出 |
| 产出指标 | 经济效益产出 | 新产品总产值 |
| | | 新产品销售收入 |

# 第四章　中国 R&D 活动投入产出现状分析

## 第一节　R&D 活动投入现状分析

### 一、R&D 资源投入分析

R&D 活动是科技活动中的重要组成部分，R&D 活动的开展有赖于 R&D 资源的支持，其核心资源包括财力（R&D 经费内部支出）和人力（R&D 人员全时当量）两个主要方面。本节主要通过对 R&D 资源投入的总量、强度和结构等方面的分析，从而发现 R&D 资源投入存在的问题，探索今后发展的方向。

1. R&D 投入总量分析

由表 4－1 可以看出，1991～2010 年中国 R&D 经费内部支出总量呈逐年上升趋势，由 1991 年的 150.80 亿元上升到 2010 年的 7062.58 亿元，共增加 6911.78 亿元，比 2009 年的 R&D 经费内部支出总量还要多。统计资料显示，2010 年中国 R&D 经费投入规模仅次于美国和日本，已经超过德国成为全球 R&D 经费第三大国。报告期内，中国 R&D 经费内部支出的年均增长率为 22.41%，显著高于国内生产总值（GDP）的增长速度，显示出这是一个良好的发展势头。同时，中国 R&D 人员全时当量也呈现出强劲的增长趋势，除了 1995 年、1998 年这两年的 R&D 人员全时当量有所下降外，其余年份都保持一致的增长趋势。R&D 人员全时当量由 1991 年的 67.05 万人年增加到 2010 年的 255.38 万人年，年均增加 9.91 万人年，其规模仅次于美国而居世界第二。其中，增长速度最快的为 2005 年，增速高达 18.41%，但近年来增速有所下降，2009 年增速为 16.58%，2010 年增速下降到 11.46%。

表 4-1 1991~2010 年中国 R&D 资源投入总量和速度分析

| 年份 | R&D 经费内部支出 | | R&D 人员全时当量 | | 国内生产总值 | |
|---|---|---|---|---|---|---|
| | 总量（亿元） | 增速（%） | 总量（万人年） | 增速（%） | 总量（亿元） | 增速（%） |
| 1991 | 150.80 | — | 67.05 | — | 21781.50 | — |
| 1992 | 209.80 | 39.12 | 67.43 | 0.57 | 26923.48 | 23.61 |
| 1993 | 256.20 | 22.12 | 69.78 | 3.48 | 35333.92 | 31.24 |
| 1994 | 309.80 | 20.92 | 78.32 | 12.24 | 48197.86 | 36.41 |
| 1995 | 348.69 | 12.55 | 75.17 | -4.02 | 60793.73 | 26.13 |
| 1996 | 404.48 | 16.00 | 80.40 | 6.96 | 71176.59 | 17.08 |
| 1997 | 509.16 | 25.88 | 83.12 | 3.38 | 78973.03 | 10.95 |
| 1998 | 551.12 | 8.24 | 75.52 | -9.14 | 84402.28 | 6.87 |
| 1999 | 678.91 | 23.19 | 82.17 | 8.81 | 89677.05 | 6.25 |
| 2000 | 895.66 | 31.93 | 92.21 | 12.22 | 99214.55 | 10.64 |
| 2001 | 1042.49 | 16.39 | 95.65 | 3.73 | 109655.17 | 10.52 |
| 2002 | 1287.64 | 23.52 | 103.51 | 8.22 | 120332.69 | 9.74 |
| 2003 | 1539.63 | 19.57 | 109.48 | 5.77 | 135822.76 | 12.87 |
| 2004 | 1966.33 | 27.71 | 115.26 | 5.28 | 159878.34 | 17.71 |
| 2005 | 2449.97 | 24.60 | 136.48 | 18.41 | 184937.37 | 15.67 |
| 2006 | 3003.10 | 22.58 | 150.25 | 10.09 | 216314.43 | 16.97 |
| 2007 | 3710.24 | 23.55 | 173.62 | 15.56 | 265810.31 | 22.88 |
| 2008 | 4616.02 | 24.41 | 196.54 | 13.20 | 314045.43 | 18.15 |
| 2009 | 5802.11 | 25.70 | 229.13 | 16.58 | 340902.81 | 8.55 |
| 2010 | 7062.58 | 21.72 | 255.38 | 11.46 | 401202.03 | 17.69 |

资料来源：《中国科技统计年鉴》（1991~2011）和《中国统计年鉴》（2011）。

2. R&D 投入强度分析

R&D 投入强度也是世界各国和地区评价 R&D 活动现状的首选指标。由于其是一个强度相对指标，能在一定程度上克服因经济总量规模不同产生的影响，因而使得分析结果更具有合理性。

如表 4-2、图 4-1 所示，中国 R&D 经费投入强度总体呈上升趋势，但期间具有一定的波动性。R&D 经费投入强度由 1991 年的 0.69% 上升到 1992 年的 0.78%，而后有所下降，下降到 1996 年的 0.57%，再呈现出一直上升的趋势，上升到 2010 年的 1.76%，期间共上升 1.07 个百分点。可以看到，1991~1996 年中国 R&D 经费投入强度具有一定的波动下降趋势，但自 1997 年以后，其上升速度加快，特别是 2009 年快速突破 1.70%。这一数值虽然远高于巴西（1.09%，2008 年）、俄罗斯（1.24%，2010 年）、印度（0.88%，2006 年）、南非（0.96%，2005 年）、阿根廷（0.51%，2007 年）等发展中国家，但中国 R&D 经费投入强度要达到发达国家水平还有一定的距离。1991 年中国 R&D 经费投入强度相当于日本（3.05%）的 22.70%、美国（2.84%）的 24.38%，而到 2008 年，这一指标分别上升到 42.72%、52.78%，这主要是由于中国 R&D 活动基础较薄弱，R&D 经费投入的增长基数较小，虽然 R&D 经费投入增长较快，但 R&D 投入的强度却仍处于较低的水平。

**表 4-2　1991～2010 年中国 R&D 投入强度分析**

| 年份 | R&D 经费内部支出（亿元） | 占 GDP 比重（%） | 年份 | R&D 经费内部支出（亿元） | 占 GDP 比重（%） |
|---|---|---|---|---|---|
| 1991 | 150.80 | 0.69 | 2001 | 1042.49 | 0.95 |
| 1992 | 209.80 | 0.78 | 2002 | 1287.64 | 1.07 |
| 1993 | 256.20 | 0.73 | 2003 | 1539.63 | 1.13 |
| 1994 | 309.80 | 0.64 | 2004 | 1966.33 | 1.23 |
| 1995 | 348.69 | 0.57 | 2005 | 2449.97 | 1.32 |
| 1996 | 404.48 | 0.57 | 2006 | 3003.10 | 1.39 |
| 1997 | 509.16 | 0.64 | 2007 | 3710.24 | 1.40 |
| 1998 | 551.12 | 0.65 | 2008 | 4616.02 | 1.47 |
| 1999 | 678.91 | 0.76 | 2009 | 5802.11 | 1.70 |
| 2000 | 895.66 | 0.90 | 2010 | 7062.58 | 1.76 |

资料来源：同表 4-1。

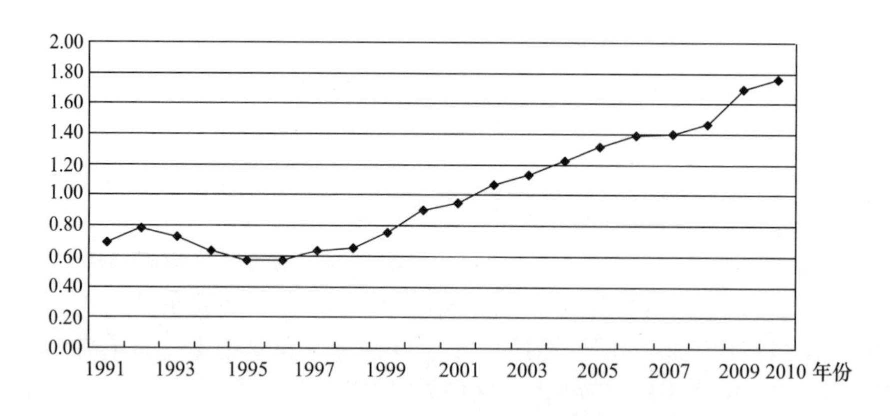


**图 4-1　1991～2010 年中国 R&D 经费投入强度趋势**

曾国屏和谭文华（2003）对典型发达国家和新兴工业化国家进行研究时，发现了 R&D 投入强度变化的一般规律：在社会经济正常运行和增长的情况下，R&D 投入强度的发展轨迹是一条类“S”形曲线（亦称逻辑斯蒂曲线）。其中，曲线的第一个拐点是在1%左右，这个过程一般比较漫长；第二个拐点大约是在2.5%，这个过程相对较快。由图4－1可以看出，中国 R&D 投入强度增长曲线基本呈现出“S”形，且在2002年首次超过1%，之后一直保持较快的发展趋势，可以认为中国 R&D 投入强度增长曲线已经跨过第一个拐点，进入了一个高速发展的新阶段，这表明中国 R&D 投入强度遵循国际 R&D 投入增长的一般规律。

3. R&D 投入结构分析

按不同的分组标准，R&D 投入的结构分析是不同的。本书将从执行部门、活动类型、资金来源三个方面来对 R&D 投入结构进行详细的分析。

（1）三大执行部门的结构分析。R&D 投入的执行主体包括企业、研究与开发机构、高等学校，现对三大执行主体的投入情况进行分析。

近年来，中国 R&D 活动的执行部门结构已经发生了显著的变化。如表4－3所示，报告期内，大中型工业企业的 R&D 经费投入比重呈现稳定的上升趋势，由1995年的40.64%上升到2010年的56.85%，共提升了16.21个百分点。特别是2000年，大中型工业企业的 R&D 经费比重超过了研究与开发机构、高等学校，成为 R&D 活动最主要的执行部门，表明企业对技术创新的渴求度最高，相应的在 R&D 经费投入中所占比重也就最大，这一特点同发达国家是基本一致的。与大中型工业企业的变化趋势有所不同，研究与开发机构的比重呈现出快速的下降趋势，由1995年的41.99%下降到2010年的16.80%，共下降了25.19个百分点。其中，1995～1999年，研究与开发机构的比重略高于大中型工业企业，而后却呈现出相反的态势，研究与开发机构的比重显著低于大中型工业企业。但总体来说，研究与开发机构的比重还是相对较高，期间平均比重高达27.98%，由此可见，中国政府对研究与开发机构的支持力度还是比较大的。高等学校的 R&D 经费投入比重呈现出微弱的下降趋势，但其变化幅度并不大，基本维持在8%～12%的较低水平。高等学校是知识创新、传播和应用的主要基地，是发展科学技术和培养创新人才的重要摇篮，高等学校已成为 R&D 活动的重要组成部分。在发达国家，高等学校的 R&D 经费比重都要高于研究与开发机构，成为 R&D 活动第二大支柱，而2010年中国高等学校的 R&D 经费比重却只有8.46%，这与高等学校的科技能力是不相匹配的。因此，中国应加大对高等学校 R&D 经费的投入，以充分发挥高等学校在 R&D 活动中的作用。

表 4－3　1995～2010 年中国 R&D 经费按执行部门分布

（单位：亿元、%）

| 年份 | 总量 | 大中型工业企业 | 比重 | 研究与开发机构 | 比重 | 高等学校 | 比重 |
|---|---|---|---|---|---|---|---|
| 1995 | 348.69 | 141.70 | 40.64 | 146.43 | 41.99 | 42.30 | 12.13 |
| 1996 | 404.48 | 160.50 | 39.68 | 172.88 | 42.74 | 47.80 | 11.82 |
| 1997 | 509.16 | 188.28 | 36.98 | 206.44 | 40.55 | 57.70 | 11.33 |
| 1998 | 551.12 | 197.09 | 35.76 | 234.25 | 42.50 | 57.30 | 10.40 |
| 1999 | 678.91 | 249.93 | 36.81 | 260.47 | 38.37 | 63.50 | 9.35 |
| 2000 | 895.66 | 353.39 | 39.46 | 257.98 | 28.80 | 76.70 | 8.56 |
| 2001 | 1042.50 | 442.35 | 42.43 | 288.47 | 27.67 | 102.40 | 9.82 |
| 2002 | 1287.60 | 560.20 | 43.51 | 351.33 | 27.29 | 130.50 | 10.14 |
| 2003 | 1539.63 | 720.77 | 46.81 | 398.99 | 25.91 | 162.31 | 10.54 |
| 2004 | 1966.30 | 954.40 | 48.54 | 431.73 | 21.96 | 200.94 | 10.22 |
| 2005 | 2449.97 | 1250.29 | 51.03 | 513.10 | 20.94 | 242.30 | 9.89 |
| 2006 | 3003.10 | 1630.19 | 54.28 | 567.26 | 18.89 | 276.81 | 9.22 |
| 2007 | 3710.20 | 2112.50 | 56.94 | 687.90 | 18.54 | 314.70 | 8.48 |
| 2008 | 4616.00 | 2681.31 | 58.09 | 811.30 | 17.58 | 390.20 | 8.45 |
| 2009 | 5802.11 | 3210.23 | 55.33 | 995.95 | 17.17 | 468.17 | 8.07 |
| 2010 | 7062.58 | 4015.40 | 56.85 | 1186.40 | 16.80 | 597.30 | 8.46 |

资料来源：同表 4－1。

如表 4－4 所示，1995～2010 年三大执行主体中 R&D 人员全时当量比重与 R&D 经费比重的变化趋势是非常相似的。其中，大中型工业企业的 R&D 人员全时当量比重始终都是最高的，再次表明了企业对技术创新的渴求度是最高的，同时企业技术创新的主体地位也进一步得到了巩固。报告期内，大中型工业企业的 R&D 人员全时当量比重呈现出显著的上升趋势，从 1995 年的 37.49% 上升到 2010 年的 53.64%，上升了 16.15 个百分点。与此相反，研究与开发机构的 R&D 人员全时当量比重却呈现出显著的下降趋势，由 1995 年的 32.54% 下降到 2010 年的 11.49%。高校的 R&D 人员全时当量比重也呈现出一定的下降趋势，但下降幅度相对较小，由 1991 年的 19.18% 下降到 2010 年的 11.34%。

表 4－4　1995～2010 年中国 R&D 人员按执行部门分布

（单位：万人年、%）

| 年份 | 总量 | 大中型工业企业 | 比重 | 研究与开发机构 | 比重 | 高等学校 | 比重 |
|---|---|---|---|---|---|---|---|
| 1995 | 75.17 | 28.18 | 37.49 | 24.46 | 32.54 | 14.42 | 19.18 |
| 1996 | 80.40 | 33.84 | 42.09 | 23.04 | 28.65 | 14.81 | 18.42 |
| 1997 | 83.12 | 32.17 | 38.70 | 25.37 | 30.52 | 16.58 | 19.95 |
| 1998 | 75.52 | 27.03 | 35.79 | 22.66 | 30.00 | 16.88 | 22.35 |
| 1999 | 82.17 | 30.30 | 36.88 | 23.33 | 28.40 | 17.60 | 21.42 |
| 2000 | 92.21 | 32.94 | 35.72 | 22.88 | 24.81 | 15.92 | 17.27 |
| 2001 | 95.65 | 37.93 | 39.66 | 20.50 | 21.43 | 17.11 | 17.89 |
| 2002 | 103.51 | 42.43 | 40.99 | 20.59 | 19.89 | 18.15 | 17.53 |
| 2003 | 109.48 | 47.81 | 43.67 | 20.39 | 18.62 | 18.93 | 17.29 |
| 2004 | 115.26 | 43.82 | 38.01 | 20.33 | 17.64 | 21.21 | 18.40 |
| 2005 | 136.48 | 60.64 | 44.43 | 21.53 | 15.77 | 22.72 | 16.64 |
| 2006 | 150.25 | 69.57 | 46.30 | 23.19 | 15.44 | 24.25 | 16.14 |
| 2007 | 173.62 | 85.77 | 49.40 | 25.55 | 14.72 | 25.39 | 14.62 |
| 2008 | 196.54 | 101.42 | 51.60 | 26.01 | 13.23 | 26.68 | 13.57 |
| 2009 | 229.13 | 115.88 | 50.58 | 27.72 | 12.10 | 27.52 | 12.01 |
| 2010 | 255.38 | 136.99 | 53.64 | 29.35 | 11.49 | 28.97 | 11.34 |

资料来源：同表 4－1。

（2）三大活动类型的结构分析。R&D 投入按活动类型可分为基础研究、应用研究和实验发展三种类型。同样，下文对三类活动的投入情况进行分析。

一般来说，在世界各国的 R&D 活动中，用于基础研究的经费投入比重相对最小，为 13%～19%；用于应用研究的经费投入比重比较适中，为 20%～25%；用于实验发展的经费投入比重相对最大，为 56%～65%。由表 4－5 可以看出，1995～2010 年中国 R&D 活动中，基础研究的经费投入比重呈现出略微的下降趋势，由 1995 年的 5.18% 下降到 2010 年的 4.59%；应用研究的经费投入比重也呈现出下降态势，由 1995 年的 26.39% 下降到 2010 年的 12.66%；实验发展却表现出相反的趋势，由 1995 年的 68.43% 上升到 2010 年的 82.75%。总体来说，报告期内基础研究的比重最小，始终维持在 5% 左右，其数值要明显小于应用研究和实验发展，而实验发展的比重最大，均保持在 68% 以上。可以说，中国 R&D 活动中三种类型（基础研究、应用研究、实验发展）的经费投入结构在总体趋势上同发达国家是基本一致的。但相对而言，中国基础研究的比重过分偏低，并没有随着 R&D 经费规模的扩大和 R&D 经费投入强度的提高而上升，这表明三大活动类型的 R&D 经费投入并不合理，存在明显的结构性缺陷。基础研究是科技创新的源泉和后盾，其发展水平在很大程度上制约着应用研究和实验发展的水平。因此，现阶段中国应合理调整基础研究、应用研究、试验发展三者之间的 R&D 经费配置结构，并努力提升基础研究的经费投入比重。

**表 4-5　1995~2010 年中国 R&D 经费按活动类型分布**

（单位：亿元、%）

| 年份 | 总量 | 基础研究 | 比重 | 应用研究 | 比重 | 实验发展 | 比重 |
|---|---|---|---|---|---|---|---|
| 1995 | 348.69 | 18.06 | 5.18 | 92.02 | 26.39 | 238.60 | 68.43 |
| 1996 | 404.48 | 20.24 | 5.00 | 99.12 | 24.51 | 285.12 | 70.49 |
| 1997 | 509.16 | 27.44 | 5.39 | 132.46 | 26.02 | 349.26 | 68.60 |
| 1998 | 551.12 | 28.95 | 5.25 | 124.62 | 22.61 | 397.54 | 72.13 |
| 1999 | 678.91 | 33.90 | 4.99 | 151.55 | 22.32 | 493.46 | 72.68 |
| 2000 | 895.66 | 46.73 | 5.22 | 151.90 | 16.96 | 697.03 | 77.82 |
| 2001 | 1042.49 | 55.60 | 5.33 | 184.85 | 17.73 | 802.03 | 76.93 |
| 2002 | 1287.64 | 73.77 | 5.73 | 246.68 | 19.16 | 967.20 | 75.11 |
| 2003 | 1539.63 | 87.65 | 5.69 | 311.45 | 20.23 | 1140.52 | 74.08 |
| 2004 | 1966.33 | 117.18 | 5.96 | 400.49 | 20.37 | 1448.67 | 73.67 |
| 2005 | 2449.97 | 131.21 | 5.36 | 433.53 | 17.70 | 1885.24 | 76.95 |
| 2006 | 3003.10 | 155.76 | 5.19 | 488.97 | 16.28 | 2358.37 | 78.53 |
| 2007 | 3710.24 | 174.52 | 4.70 | 492.94 | 13.29 | 3042.78 | 82.01 |
| 2008 | 4616.02 | 220.82 | 4.78 | 575.16 | 12.46 | 3820.04 | 82.76 |
| 2009 | 5802.11 | 270.29 | 4.66 | 730.79 | 12.60 | 4801.03 | 82.75 |
| 2010 | 7062.58 | 324.49 | 4.59 | 893.79 | 12.66 | 5844.30 | 82.75 |

资料来源：同表 4-1。

如表 4-6 所示，在三大活动类型中，基础研究的 R&D 人员全时当量所占比重均低于 10%，依然是最小的，而实验发展的 R&D 人员全时当量所占比重依然是最大的，再次表明中国 R&D 活动主要集中于实验发展，基础研究的人员投入比重严重不足，三大活动类型的 R&D 人员投入结构存在不合理现象。考察期内，基础研究的 R&D 人员全时当量所占比重保持较低的水平，由 1991 年的 9.14% 下降到 2010 年的 6.80%，下降了 2.34 个百分点。应用研究的 R&D 人员全时当量所占比重呈现出较快的下降趋势，由 1991 年的 32.01% 下降到 2010 年的 13.14%。而实验发展的 R&D 人员全时当量所占比重最大，且保持了显著的上升趋势，由 1991 年的 58. 85% 上升到 2010 年的 80. 06%，上升的幅度高达 21. 21 个百分点，表明近年来中国的 R&D 活动主要侧重于实际应用。

**表 4 – 6　1991 ~ 2010 年中国 R&D 人员按活动类型分布**

（单位：万人年、%）

| 年份 | 总量 | 基础研究 | 比重 | 应用研究 | 比重 | 实验发展 | 比重 |
|---|---|---|---|---|---|---|---|
| 1991 | 67. 05 | 6. 13 | 9. 14 | 21. 46 | 32. 01 | 39. 46 | 58. 85 |
| 1992 | 67. 43 | 5. 84 | 8. 66 | 20. 90 | 30. 99 | 40. 70 | 60. 36 |
| 1993 | 69. 78 | 6. 33 | 9. 07 | 21. 49 | 30. 80 | 41. 96 | 60. 13 |
| 1994 | 78. 32 | 7. 64 | 9. 76 | 24. 20 | 30. 90 | 46. 48 | 59. 35 |
| 1995 | 75. 17 | 6. 66 | 8. 87 | 22. 79 | 30. 32 | 45. 71 | 60. 81 |
| 1996 | 80. 40 | 6. 96 | 8. 65 | 23. 65 | 29. 42 | 49. 79 | 61. 93 |
| 1997 | 83. 12 | 7. 17 | 8. 63 | 25. 27 | 30. 40 | 50. 68 | 60. 97 |
| 1998 | 75. 52 | 7. 87 | 10. 42 | 24. 97 | 33. 06 | 42. 68 | 56. 51 |
| 1999 | 82. 17 | 7. 60 | 9. 25 | 24. 15 | 29. 39 | 50. 42 | 61. 36 |
| 2000 | 92. 21 | 7. 96 | 8. 63 | 21. 96 | 23. 82 | 62. 28 | 67. 54 |
| 2001 | 95. 65 | 7. 88 | 8. 24 | 22. 60 | 23. 63 | 65. 17 | 68. 13 |
| 2002 | 103. 51 | 8. 40 | 8. 12 | 24. 73 | 23. 89 | 70. 39 | 68. 00 |
| 2003 | 109. 48 | 8. 97 | 8. 19 | 26. 03 | 23. 77 | 74. 49 | 68. 03 |
| 2004 | 115. 26 | 11. 07 | 9. 61 | 27. 86 | 24. 17 | 76. 33 | 66. 22 |
| 2005 | 136. 48 | 11. 54 | 8. 46 | 29. 71 | 21. 77 | 95. 23 | 69. 78 |
| 2006 | 150. 25 | 13. 13 | 8. 74 | 29. 97 | 19. 95 | 107. 14 | 71. 31 |
| 2007 | 173. 62 | 13. 81 | 7. 95 | 28. 60 | 16. 47 | 131. 21 | 75. 57 |
| 2008 | 196. 54 | 15. 40 | 7. 83 | 28. 94 | 14. 72 | 152. 20 | 77. 44 |
| 2009 | 229. 13 | 16. 46 | 7. 18 | 31. 53 | 13. 76 | 181. 14 | 79. 06 |
| 2010 | 255. 38 | 17. 37 | 6. 80 | 33. 56 | 13. 14 | 204. 46 | 80. 06 |

资料来源：同表 4 – 1。

（3）三大资金来源的结构分析。R&D 经费按资金来源可分为政府资金、企业资金、其他资金三类。一般而言，在低收入水平下，政府 R&D 资金投入比重相对较高，但在高收入水平下，企业 R&D 资金投入比重相对较高，这主要是由国家经济实力决定的。

如表 4 – 7 所示，1995 ~ 2010 年中国 R&D 活动中，政府资金和企业资金的投入比重都相对较大，但两者却呈现出相反的发展趋势。其中，政府资金的投入比重呈现出显著的下降趋势，由 1995 年的 50. 00% 下降到 2010 年的 24. 02%，下降了 25. 98 个百分点；企业资金投入比重呈现出快速的上升趋势，由 1995 年的

35.00%上升到2010年的71.69%，共上升36.69个百分点。上述表明，中国的R&D经费投入模式已由政府主导型转变为企业主导型，企业已经成为中国R&D资金的投入主体，这与国际R&D资金投入发展的大趋势是相符的。具体来说，2000年以前，中国属于典型的政府主导型R&D资金投入模式，2000年以后属于典型的企业主导型R&D资金投入模式。这主要是由于2000年实施的R&D资源清查，一方面加大了小企业的统计范围，另一方面随着科技体制的不断改革，许多政府科研机构改制为企业或与相关企业合并，这使得企业资金的投入比重在这一年增长迅速，一下子过渡为R&D资金的投入主体。但本书认为，在2010年中国R&D经费投入强度仅为1.76%的水平下，企业资金投入比重却高达71.69%，相对于中国企业目前的经济实力而言有点偏高，而政府资金投入比重却有点偏低。通常政府R&D资金投入对企业具有重要的引导作用，虽然发达国家的R&D资金投入模式属于企业主导型，但政府的R&D资金投入仍然较大，且实践显示，大部分发达国家是在R&D经费投入强度超过2%后，企业才真正成为R&D资金的投入主体。例如，美国在1978年以前，其R&D经费投入强度低于2%，政府是R&D资金的投入主体，直到1978年R&D经费投入强度超过2%，企业才成为R&D经费的投入主体；法国在1975年R&D经费投入强度超过2.2%后，企业才成为R&D经费投入主体；等等。而中国在2000年R&D经费投入强度仅为0.90%时，企业就成为R&D资金的投入主体，这些充分显示出中国政府对R&D经费的投入力度不够，对企业的引导作用仍有一定的提升空间。同时，其他资金的投入比重表现出较低的水平，且呈现出一定的下降趋势，由1995年的15.00%下降到2010年的4.29%，下降了10.71个百分点。由于R&D资金中其他资金主要来源于金融机构和社会部门，其他资金投入比重的不断下降，说明中国的金融机构和社会部门对R&D资金的支持力度相对较小，其还不是一个成熟的R&D投入主体。因此，在未来的R&D活动中，中国应在加强政府R&D资金投入力度的同时，不断地改善R&D融资的金融环境，从而形成更加完善的R&D资金来源渠道，有力地促进R&D活动的顺利开展。

**表4-7　1995~2010年中国R&D经费按资金来源分布**

（单位：亿元、%）

| 年份 | 总量 | 政府资金 | 比重 | 企业资金 | 比重 | 其他资金 | 比重 |
|---|---|---|---|---|---|---|---|
| 1995 | 348.70 | 174.35 | 50.00 | 122.05 | 35.00 | 52.31 | 15.00 |
| 2000 | 895.70 | 299.16 | 33.40 | 515.92 | 57.60 | 80.61 | 9.00 |
| 2003 | 1539.60 | 460.60 | 29.92 | 925.40 | 60.11 | 153.80 | 9.99 |
| 2004 | 1966.30 | 523.60 | 26.63 | 1291.30 | 65.67 | 151.40 | 7.70 |

续表

| 年份 | 总量 | 政府资金 | 比重 | 企业资金 | 比重 | 其他资金 | 比重 |
|---|---|---|---|---|---|---|---|
| 2005 | 2450.00 | 645.40 | 26.34 | 1642.50 | 67.04 | 162.10 | 6.62 |
| 2006 | 3003.10 | 742.10 | 24.71 | 2073.70 | 69.05 | 187.30 | 6.24 |
| 2007 | 3710.20 | 913.50 | 24.62 | 2611.00 | 70.37 | 185.80 | 5.01 |
| 2008 | 4616.00 | 1088.90 | 23.59 | 3311.50 | 71.74 | 215.60 | 4.67 |
| 2009 | 5802.11 | 1358.27 | 23.41 | 4162.72 | 71.74 | 281.12 | 4.85 |
| 2010 | 7062.58 | 1696.30 | 24.02 | 5063.14 | 71.69 | 303.14 | 4.29 |

资料来源：同表 4－1。

## 二、非 R&D 资源投入分析

R&D 创新模式除了包括原始创新外，还应包括集成创新和引进消化吸收再创新。因此，技术改造经费投入、技术获取经费投入（购买国内技术经费投入、技术引进经费投入和技术消化吸收经费投入），即非 R&D 资源投入，虽然不是企业用于自己的创造发明，但同样也是企业开发和生产新产品的关键，在整个 R&D 创新活动过程中具有重要的地位。

如表 4－8 所示，1996～2010 年，技术改造经费支出呈现出一定的波动上升趋势，其值由 1996 年的 12498963 万元下降到 1999 年的 8455891 万元，之后再上升到 2010 年的 36384926 万元，年均增长率为 7.93%。购买国内技术经费支出也呈现出一定的波动上升趋势，其值由 1996 年的 257905 万元下降到 1999 年的 138270 万元，而后呈现出上升趋势，一直上升到 2010 年的 2214127 万元，年均增长率高达 16.60%。技术引进经费支出保持了较快的增长态势，由 1996 年的 3220569 万元增加到 2010 年的 3861321 万元。相对于技术改造经费支出、购买国内技术经费支出、技术引进经费支出，技术消化吸收经费支出的增速最快，其数值由 1996 年的 136369 万元增加到 2010 年的 1652015 万元，年均增长率高达 19.50%，共增长了近 12.12 倍，这在一定程度上反映出中国大中型工业企业缺乏技术引进后消化吸收的问题有所改观。一般来说，技术引进后，需要投入大量的研发资金来加大对引进技术的消化吸收，这样才能有效提高引进的质量，真正实现将外部技术转化为内部资源，提升自主创新能力。报告期内，虽然中国技术引进经费支出与技术消化吸收经费支出比值保持了逐年上升的态势，由 1996 年的 1∶0.0423 上升到 2010 年的 1∶0.4278，增长了约 0.39 个百分点，但仍远远低于日本、韩国 1∶10 的比重，这表明现阶段中国大中型工业企业仍然存在严重的“重技术引进、轻消化吸收”的问题，其仍是制约 R&D 活动再创新的重要因素。

因此，在今后的创新活动中，无论是政府的政策引导，还是企业的战略管理，都应该力图改变企业技术引进中所谓的“消化不良症状”，最终实现全面的自主创新。

表 4－8　1996～2010 年中国大中型工业企业技术改造和获取经费

（单位：万元）

| 年份 | 技术改造经费 | 购买国内技术经费 | 技术引进经费 | 技术消化吸收经费 | 技术引进经费与技术消化吸收经费比值 |
|---|---|---|---|---|---|
| 1996 | 12498963 | 257905 | 3220569 | 136369 | 1:0.0423 |
| 1997 | 11024225 | 146151 | 2364849 | 135625 | 1:0.0574 |
| 1998 | 9196148 | 181732 | 2148475 | 146499 | 1:0.0682 |
| 1999 | 8455891 | 138270 | 2075459 | 181257 | 1:0.0873 |
| 2000 | 11325805 | 264444 | 2454220 | 181809 | 1:0.0741 |
| 2001 | 12647816 | 363335 | 2858659 | 196273 | 1:0.0687 |
| 2002 | 14920854 | 428933 | 3725033 | 257438 | 1:0.0691 |
| 2003 | 18964332 | 543258 | 4054075 | 270957 | 1:0.0668 |
| 2004 | 25885031 | 699192 | 3679496 | 539700 | 1:0.1467 |
| 2005 | 27928501 | 833876 | 2967650 | 693824 | 1:0.2338 |
| 2006 | 30195570 | 874311 | 3204272 | 818611 | 1:0.2555 |
| 2007 | 36500185 | 1295854 | 4524528 | 1066129 | 1:0.2356 |
| 2008 | 41676916 | 1064457 | 4404256 | 1064457 | 1:0.2417 |
| 2009 | 36713512 | 1747221 | 3946130 | 1638464 | 1:0.4152 |
| 2010 | 36384926 | 2214127 | 3861321 | 1652015 | 1:0.4278 |

资料来源：同表 4－1。

# 第二节　R&D 活动产出现状分析

R&D 活动产出包括直接产出（专利、科技论文等）和间接产出（新产品产值、新产品销售收入等）。1991～2010 年中国 R&D 活动产出无论是从总量还是从结构上都发生了很大的变化，下面就中国专利申请受理数、专利申请授权数、科技论文数、新产品产值、新产品销售收入等方面对 R&D 活动产出进行现状分析。

## 一、R&D 活动的直接产出分析

1. 专利产出分析

专利是一种知识产权，是衡量 R&D 活动直接产出的一项重要指标，其申请量、授权量代表一个国家或地区的技术发明能力和水平。专利主要包括三种类型：发明专利、实用新型专利和外观设计专利。

如表 4－9、表 4－10 所示，1991～2010 年中国三种专利申请受理数和授权数都呈现出稳定的增长趋势。专利申请受理总量由 1991 年的 50040 件增加到 2010 年的 1222286 件，增长了 24 倍多，年均增加约 61679 件。其中，发明专利、实用新型专利、外观设计专利分别由 1991 年的 11423 件、33282 件、5335 件增加到 2010 年的 391177 件、409836 件、421273 件，年均增速高达 20.44%、14.13%、25.85%，表明外观设计专利的增长速度最快，已成为三种专利申请受理数的主体。专利申请授权总量也由 1991 年的 24616 件增加到 2010 年的 814825 件，增长了 33 倍多，年均增加了约 41589 件。其中，发明专利、实用新型专利、外观设计专利分别由 1991 年的 4122 件、17327 件、3167 件增加到 2010 年的 135110 件、344472 件、335243 件，年均增速高达 20.16%、17.04%、27.81%，同样表明外观设计专利的增长速度最快，成为三种专利申请授权数的主体。同时，报告期内，专利申请受理量显著高于专利申请授权量，并且二者之间的差距呈现出扩大的趋势。二者之间的差距由 1995 年的 25424 件扩大到 2010 年的 407461 件，相当于 2010 年专利申请授权量的 50%，这说明科技含量高的专利成果较少，虽然数量增长较快，但其质量增长却并不同步。

**表 4－9　1991～2010 年国内外专利申请受理数**　　（单位：件）

| 年份 | 总量 | 发明专利 | 实用新型专利 | 外观设计专利 |
|---|---|---|---|---|
| 1991 | 50040 | 11423 | 33282 | 5335 |
| 1992 | 67135 | 14409 | 44369 | 8357 |
| 1993 | 77276 | 19667 | 47538 | 10071 |
| 1994 | 77735 | 19067 | 45511 | 13157 |
| 1995 | 83045 | 21636 | 43741 | 17668 |
| 1996 | 102735 | 28517 | 49604 | 24614 |
| 1997 | 114208 | 33666 | 50129 | 30413 |
| 1998 | 121989 | 35960 | 51397 | 34632 |
| 1999 | 134239 | 36694 | 57492 | 40053 |
| 2000 | 170682 | 51747 | 68815 | 50120 |

续表

| 年份 | 总量 | 发明专利 | 实用新型专利 | 外观设计专利 |
|---|---|---|---|---|
| 2001 | 203573 | 63204 | 79722 | 60647 |
| 2002 | 252631 | 80232 | 93139 | 79260 |
| 2003 | 308487 | 105318 | 109115 | 94054 |
| 2004 | 353807 | 130133 | 112825 | 110849 |
| 2005 | 476264 | 173327 | 139566 | 163371 |
| 2006 | 573178 | 210490 | 161366 | 201322 |
| 2007 | 693917 | 245161 | 181324 | 267432 |
| 2008 | 828328 | 289838 | 225586 | 312904 |
| 2009 | 976686 | 314573 | 310771 | 351342 |
| 2010 | 1222286 | 391177 | 409836 | 421273 |

资料来源：同表 4－1。

**表 4－10　1991～2010 年国内外专利申请授权数**　　（单位：件）

| 年份 | 总量 | 发明专利 | 实用新型专利 | 外观设计专利 |
|---|---|---|---|---|
| 1991 | 24616 | 4122 | 17327 | 3167 |
| 1992 | 31475 | 3966 | 24060 | 3449 |
| 1993 | 62127 | 6528 | 46717 | 8882 |
| 1994 | 43297 | 3883 | 32819 | 6595 |
| 1995 | 45064 | 3393 | 30471 | 11200 |
| 1996 | 43780 | 2976 | 27171 | 13633 |
| 1997 | 50992 | 3494 | 27338 | 20160 |
| 1998 | 67889 | 4733 | 33902 | 29254 |
| 1999 | 100156 | 7637 | 56368 | 36151 |
| 2000 | 105345 | 12683 | 54743 | 37919 |
| 2001 | 114251 | 16296 | 54359 | 43596 |
| 2002 | 132399 | 21473 | 57484 | 53442 |
| 2003 | 182226 | 37154 | 68906 | 76166 |
| 2004 | 190238 | 49360 | 70623 | 70255 |
| 2005 | 214003 | 53305 | 79349 | 81349 |
| 2006 | 268002 | 57786 | 107655 | 102561 |
| 2007 | 351782 | 67948 | 150036 | 133798 |
| 2008 | 411982 | 93706 | 176675 | 141601 |
| 2009 | 581992 | 128489 | 203802 | 249701 |
| 2010 | 814825 | 135110 | 344472 | 335243 |

资料来源：同表 4－1。

2. 科学论文产出分析

科学论文也是 R&D 活动的重要直接产出。本书中主要是指由国外主要检索工具收录的科学论文，而国外主要检索工具是指国际公认的三大权威论文检索系统：科学引文索引（Science Citation Index，SCI）、科学技术会议论文索引（Index to Science and Technical Proceedings，ISTP）和工程索引（Engineering Index，EI）。这三大系统中又以 SCI 最为重要，是 R&D 创新水平的关键指标。

如表 4－11 所示，1991～2010 年国外主要检索工具收录的中国论文总数呈现出显著的上升趋势，1991 年仅为 11556 篇，而 2010 年增加到 300923 篇，增长了 26 倍多，年均增长近 15229 篇，比 1991 年的论文总数还多。特别地，2000 年以后的论文总量呈现出更快的增长趋势，这主要是由于中国加入 WTO 之后，更加重视国际间的学术交流，以及研究机构考核体制的改革，使得论文特别是被国外主要检索工具收录的论文成为科研人员考核的重要指标。但是，尽管中国发表的论文总量不断增加，但其被引用的次数却普遍较低。相比纯粹的论文总量而言，论文的引用率是用来刻画其质量的一个重要指标。根据 Thomson Reuters 发布的报告，中国论文的平均引用率排名很低，与美国、英国、日本等发达国家相距甚远。上述表明，中国的论文产出处于数量虽然巨大，但引用率却很低的窘境，论文质量有待进一步提高。具体来说，SCI 从 1991 年的 6630 篇增加到 2010 年的 143769 篇，共增加 137139 篇，年均增速高达 17.58%，其世界排名从第 15 名上升到第 2 名。ISTP 由 1991 年的 2780 篇增加到 2010 年的 37780 篇，共增加 35000 篇，年均增速高达 14.72%，其世界排名从第 13 上升到第 2。EI 的增长速度最快，由 1991 年的 2146 篇增加到 2010 年的 119374 篇，共增加 117228 篇，年均增速高达 23.55%，其世界排名从第 9 上升到第 1。

**表 4－11　1991～2010 年国外主要检索工具收录的中国论文数**（单位：篇）

| 年份 | 论文总量 | SCI | | ISTP | | EI | |
|---|---|---|---|---|---|---|---|
| | | 数量 | 世界排名 | 数量 | 世界排名 | 数量 | 世界排名 |
| 1991 | 11556 | 6630 | 15 | 2780 | 13 | 2146 | 9 |
| 1992 | 15466 | 6224 | 17 | 5272 | 9 | 3970 | 6 |
| 1993 | 20178 | 9617 | 15 | 4503 | 10 | 6058 | 5 |
| 1994 | 24584 | 10411 | 15 | 4802 | 10 | 9371 | 4 |
| 1995 | 26395 | 13134 | 15 | 5152 | 10 | 8109 | 7 |
| 1996 | 27569 | 14459 | 14 | 3963 | 11 | 9147 | 6 |
| 1997 | 35311 | 16883 | 12 | 5790 | 9 | 12638 | 4 |

续表

| 年份 | 论文总量 | SCI | | ISTP | | EI | |
|---|---|---|---|---|---|---|---|
| | | 数量 | 世界排名 | 数量 | 世界排名 | 数量 | 世界排名 |
| 1998 | 35003 | 19838 | 12 | 5273 | 10 | 9892 | 5 |
| 1999 | 46188 | 24476 | 10 | 6905 | 8 | 14807 | 3 |
| 2000 | 49678 | 30499 | 8 | 6016 | 8 | 13163 | 3 |
| 2001 | 64526 | 35685 | 8 | 10263 | 6 | 18578 | 3 |
| 2002 | 77395 | 40758 | 6 | 13413 | 5 | 23224 | 2 |
| 2003 | 93352 | 49788 | 6 | 18567 | 6 | 24997 | 3 |
| 2004 | 111356 | 57377 | 5 | 20479 | 5 | 33500 | 2 |
| 2005 | 153374 | 68226 | 5 | 30786 | 5 | 54362 | 2 |
| 2006 | 171878 | 71184 | 5 | 35653 | 2 | 65041 | 2 |
| 2007 | 207865 | 89147 | 3 | 43131 | 2 | 75587 | 1 |
| 2008 | 270878 | 116677 | 2 | 64824 | 2 | 89377 | 1 |
| 2009 | 280158 | 127532 | 2 | 54749 | 2 | 97877 | 1 |
| 2010 | 300923 | 143769 | 2 | 37780 | 2 | 119374 | 1 |

资料来源：同表 4－1。

3. R&D 直接产出的结构分析

如表 4－12、表 4－13 所示，1991～2010 年国内外专利申请受理量和授权量中三大专利的比重变化趋势既有区别又有联系。报告期内，在国内外专利申请受理量中，发明专利的比重表现为一定的上升趋势，由 1991 年的 22.83% 上升到 2010 年的 32.00%，上升了 9.17 个百分点；实用新型专利比重呈现出快速的下降趋势，由 1991 年的 66.51% 下降到 2010 年的 33.53%，下降了 32.98 个百分点；外观设计专利比重呈现出较快的上升趋势，1991 年仅为 10.66%，2010 年则上升为 34.47%，上升幅度高达 23.81 个百分点。在国内外专利申请授权量中，发明专利的比重表现出一定的波动态势，变化幅度非常小，由 1991 年的 16.75% 下降到 1996 年的 6.80%，而后再呈现出上升趋势，上升到 2009 年的 22.08%，2010 年又下降到 16.58%；实用新型专利的比重呈现出显著的下降趋势，由 1991 年的 70.39% 下降到 2010 年的 42.28%，下降了 28.11 个百分点；外观设计专利比重呈现出较快的上升趋势，1991 年仅为 12.87%，2010 年则上升为 41.14%，上升幅度高达 28.27 个百分点。

表 4－12　1991～2010 年国内外专利申请受理结构分析（单位：件、%）

| 年份 | 总量 | 发明专利 | 比重 | 实用新型专利 | 比重 | 外观设计专利 | 比重 |
|---|---|---|---|---|---|---|---|
| 1991 | 50040 | 11423 | 22.83 | 33282 | 66.51 | 5335 | 10.66 |
| 1992 | 67135 | 14409 | 21.46 | 44369 | 66.09 | 8357 | 12.45 |
| 1993 | 77276 | 19667 | 25.45 | 47538 | 61.52 | 10071 | 13.03 |
| 1994 | 77735 | 19067 | 24.53 | 45511 | 58.55 | 13157 | 16.93 |
| 1995 | 83045 | 21636 | 26.05 | 43741 | 52.67 | 17668 | 21.28 |
| 1996 | 102735 | 28517 | 27.76 | 49604 | 48.28 | 24614 | 23.96 |
| 1997 | 114208 | 33666 | 29.48 | 50129 | 43.89 | 30413 | 26.63 |
| 1998 | 121989 | 35960 | 29.48 | 51397 | 42.13 | 34632 | 28.39 |
| 1999 | 134239 | 36694 | 27.33 | 57492 | 42.83 | 40053 | 29.84 |
| 2000 | 170682 | 51747 | 30.32 | 68815 | 40.32 | 50120 | 29.36 |
| 2001 | 203573 | 63204 | 31.05 | 79722 | 39.16 | 60647 | 29.79 |
| 2002 | 252631 | 80232 | 31.76 | 93139 | 36.87 | 79260 | 31.37 |
| 2003 | 308487 | 105318 | 34.14 | 109115 | 35.37 | 94054 | 30.49 |
| 2004 | 353807 | 130133 | 36.78 | 112825 | 31.89 | 110849 | 31.33 |
| 2005 | 476264 | 173327 | 36.39 | 139566 | 29.30 | 163371 | 34.30 |
| 2006 | 573178 | 210490 | 36.72 | 161366 | 28.15 | 201322 | 35.12 |
| 2007 | 693917 | 245161 | 35.33 | 181324 | 26.13 | 267432 | 38.54 |
| 2008 | 828328 | 289838 | 34.99 | 225586 | 27.23 | 312904 | 37.78 |
| 2009 | 976686 | 314573 | 32.21 | 310771 | 31.82 | 351342 | 35.97 |
| 2010 | 1222286 | 391177 | 32.00 | 409836 | 33.53 | 421273 | 34.47 |

资料来源：同表 4－1。

表 4－13　1991～2010 年国内外专利申请授权结构分析（单位：件、%）

| 年份 | 总量 | 发明专利 | 比重 | 实用新型专利 | 比重 | 外观设计专利 | 比重 |
|---|---|---|---|---|---|---|---|
| 1991 | 24616 | 4122 | 16.75 | 17327 | 70.39 | 3167 | 12.87 |
| 1992 | 31475 | 3966 | 12.60 | 24060 | 76.44 | 3449 | 10.96 |
| 1993 | 62127 | 6528 | 10.51 | 46717 | 75.20 | 8882 | 14.30 |
| 1994 | 43297 | 3883 | 8.97 | 32819 | 75.80 | 6595 | 15.23 |
| 1995 | 45064 | 3393 | 7.53 | 30471 | 67.62 | 11200 | 24.85 |
| 1996 | 43780 | 2976 | 6.80 | 27171 | 62.06 | 13633 | 31.14 |
| 1997 | 50992 | 3494 | 6.85 | 27338 | 53.61 | 20160 | 39.54 |
| 1998 | 67889 | 4733 | 6.97 | 33902 | 49.94 | 29254 | 43.09 |

续表

| 年份 | 总量 | 发明专利 | 比重 | 实用新型专利 | 比重 | 外观设计专利 | 比重 |
|---|---|---|---|---|---|---|---|
| 1999 | 100156 | 7637 | 7.63 | 56368 | 56.28 | 36151 | 36.09 |
| 2000 | 105345 | 12683 | 12.04 | 54743 | 51.97 | 37919 | 36.00 |
| 2001 | 114251 | 16296 | 14.26 | 54359 | 47.58 | 43596 | 38.16 |
| 2002 | 132399 | 21473 | 16.22 | 57484 | 43.42 | 53442 | 40.36 |
| 2003 | 182226 | 37154 | 20.39 | 68906 | 37.81 | 76166 | 41.80 |
| 2004 | 190238 | 49360 | 25.95 | 70623 | 37.12 | 70255 | 36.93 |
| 2005 | 214003 | 53305 | 24.91 | 79349 | 37.08 | 81349 | 38.01 |
| 2006 | 268002 | 57786 | 21.56 | 107655 | 40.17 | 102561 | 38.27 |
| 2007 | 351782 | 67948 | 19.32 | 150036 | 42.65 | 133798 | 38.03 |
| 2008 | 411982 | 93706 | 22.75 | 176675 | 42.88 | 141601 | 34.37 |
| 2009 | 581992 | 128489 | 22.08 | 203802 | 35.02 | 249701 | 42.90 |
| 2010 | 814825 | 135110 | 16.58 | 344472 | 42.28 | 335243 | 41.14 |

资料来源：同表 4－1。

如表 4－14 所示，1991～2010 年 SCI 无论是总量还是所占比重都显著大于 ISTP 和 EI，其在三大检索工具中占据着绝对优势。报告期内，虽然 SCI 总量呈现出显著上升趋势，但其占论文总量的比重却表现出明显的下降趋势，由 1991 年的 57.37% 下降到 2010 年的 47.78%，共下降了 9.59 个百分点。高质量 SCI 比重的下降，再次表明中国的科学论文质量并不高，甚至有所恶化，论文质量问题需要引起高度关注。ISTP 的比重也呈现出一定的下降趋势，由 1991 年的 24.06% 下降到 2010 年的 12.55%，下降了 11.51 个百分点。与 SCI 比重、ISTP 比重变化趋势有所不同，EI 的比重呈现出大幅的上升趋势，由 1991 年的 18.57% 上升到 2010 年的 39.67%，上升了 21.10 个百分点，表明 EI 总量的快速提高是近年来中国国外主要检索工具论文数量提升的主要动力。

**表 4－14　1991～2010 年国外主要检索工具收录的中国论文结构分析**

（单位：篇、%）

| 年份 | 论文总数 | SCI | 比重 | ISTP | 比重 | EI | 比重 |
|---|---|---|---|---|---|---|---|
| 1991 | 11556 | 6630 | 57.37 | 2780 | 24.06 | 2146 | 18.57 |
| 1992 | 15466 | 6224 | 40.24 | 5272 | 34.09 | 3970 | 25.67 |
| 1993 | 20178 | 9617 | 47.66 | 4503 | 22.32 | 6058 | 30.02 |
| 1994 | 24584 | 10411 | 42.35 | 4802 | 19.53 | 9371 | 38.12 |
| 1995 | 26395 | 13134 | 49.76 | 5152 | 19.52 | 8109 | 30.72 |

续表

| 年份 | 论文总数 | SCI | 比重 | ISTP | 比重 | EI | 比重 |
|---|---|---|---|---|---|---|---|
| 1996 | 27569 | 14459 | 52.45 | 3963 | 14.37 | 9147 | 33.18 |
| 1997 | 35311 | 16883 | 47.81 | 5790 | 16.40 | 12638 | 35.79 |
| 1998 | 35003 | 19838 | 56.68 | 5273 | 15.06 | 9892 | 28.26 |
| 1999 | 46188 | 24476 | 52.99 | 6905 | 14.95 | 14807 | 32.06 |
| 2000 | 49678 | 30499 | 61.39 | 6016 | 12.11 | 13163 | 26.50 |
| 2001 | 64526 | 35685 | 55.30 | 10263 | 15.91 | 18578 | 28.79 |
| 2002 | 77395 | 40758 | 52.66 | 13413 | 17.33 | 23224 | 30.01 |
| 2003 | 93352 | 49788 | 53.33 | 18567 | 19.89 | 24997 | 26.78 |
| 2004 | 111356 | 57377 | 51.53 | 20479 | 18.39 | 33500 | 30.08 |
| 2005 | 153374 | 68226 | 44.48 | 30786 | 20.07 | 54362 | 35.44 |
| 2006 | 171878 | 71184 | 41.42 | 35653 | 20.74 | 65041 | 37.84 |
| 2007 | 207865 | 89147 | 42.89 | 43131 | 20.75 | 75587 | 36.36 |
| 2008 | 270878 | 116677 | 43.07 | 64824 | 23.93 | 89377 | 33.00 |
| 2009 | 280158 | 127532 | 45.52 | 54749 | 19.54 | 97877 | 34.94 |
| 2010 | 300923 | 143769 | 47.78 | 37780 | 12.55 | 119374 | 39.67 |

资料来源：同表4－1。

## 二、R&D 活动的间接产出分析

R&D 创新活动不断地促进企业的发展，加快企业技术成果的产业化和商品化的形成。R&D 创新活动促进了企业经济效益的提高，主要表现为新产品产值和新产品销售收入的快速增长。

如表4－15所示，1991～2010年，大中型工业企业的新产品产值和销售收入呈现出相似的变动趋势。报告期内，大中型工业企业的新产品产值呈现出快速的增长趋势，由1991年的1357.66亿元增加到2010年的73606.28亿元，增长了54倍多，年均增幅高达3802.56亿元。大中型工业企业的新产品销售收入也表现出强劲的增长趋势，由1991年的1186.17亿元增加到2010年的72863.90亿元，年均增速高达24.20%。新产品销售收入占主营业务收入的比重呈现出一定的波动特征，但总体上表现为上升趋势，由1991年的9.94%上升到2010年的16.82%，上升了6.88个百分点。其中，1991～1997年基本在10%左右波动，而后呈现出上升趋势，上升到2002年的16.07%，之后的2003～2007年又基本在15%左右波动，最后由2009年的17.34%下降到2010年的16.82%。总体来说，新产品销售收入占主营业务收入的比重相对较低，且增长缓慢，其均值只有13.32%，这些表明中国 R&D 活动的直接产出——科技成果产出在实际生活中不能快速地商业化并应用于经济生产。因此，未来中国的 R&D 活动应以市场需求为导向，提高科技成果产出的转化率。

表 4-15 1991～2010 年大中型工业企业新产品产值和销售收入

| 年份 | 新产品产值 | | 新产品销售收入 | | |
|---|---|---|---|---|---|
| | 总量（亿元） | 增速（%） | 总量（亿元） | 增速（%） | 占主营业务收入比重（%） |
| 1991 | 1357.66 | — | 1186.17 | — | 9.94 |
| 1992 | 1808.34 | 33.20 | 1595.09 | 34.47 | 10.47 |
| 1993 | — | — | 2034.00 | 27.52 | 10.66 |
| 1994 | — | — | 2443.59 | 20.14 | 10.22 |
| 1995 | — | — | 2620.15 | 7.23 | 8.50 |
| 1996 | — | — | 3381.95 | 29.07 | 10.08 |
| 1997 | 4139.21 | — | 3630.76 | 7.36 | 10.00 |
| 1998 | 4848.31 | 17.13 | 4367.50 | 20.29 | 11.66 |
| 1999 | 5987.65 | 23.50 | 5550.05 | 27.08 | 13.24 |
| 2000 | 7997.37 | 33.56 | 7641.40 | 37.68 | 15.33 |
| 2001 | 9154.02 | 14.46 | 8793.50 | 15.08 | 15.03 |
| 2002 | 11241.37 | 22.80 | 10837.80 | 23.25 | 16.07 |
| 2003 | 14687.14 | 30.65 | 14097.70 | 30.08 | 14.61 |
| 2004 | 20562.57 | 40.00 | 20421.20 | 44.85 | 15.25 |
| 2005 | 25382.33 | 23.44 | 24097.09 | 18.00 | 14.61 |
| 2006 | 32261.96 | 27.10 | 31232.81 | 29.61 | 14.80 |
| 2007 | 42763.77 | 32.55 | 40976.17 | 31.20 | 15.68 |
| 2008 | 52394.72 | 22.52 | 51291.60 | 25.17 | 16.02 |
| 2009 | 58714.40 | 12.06 | 57978.05 | 13.04 | 17.34 |
| 2010 | 73606.28 | 25.36 | 72863.90 | 25.67 | 16.82 |

资料来源：同表 4-1。

## 第三节 R&D 活动投入产出弹性分析

上述主要是从投入和产出两个角度分别对 R&D 活动现状进行描述，但由于 R&D 活动作为一项生产活动，其生产过程既包含投入也包含产出，即投入和产出共同发生于同一生产过程。因此，为了更全面、准确地描述中国 R&D 活动的现状，本节拟从全局视角来探讨投入和产出之间的数量关系，即 R&D 活动的投入产出弹性分析，这对于进一步优化 R&D 资源配置水平，提高 R&D 活动对社会经济的支撑能力具有重要的现实意义。

## 一、研究方法

1. 模型构建

由于 R&D 活动是一个多投入和多产出的生产过程，其弹性系数并不能直接利用 Cobb－Douglas（C－D）生产函数来进行估算。因此，本节首先在 C－D 生产函数的基础上，扩展得到一个多投入和多产出的生产函数模型：

$$y_1^{\beta_1} \times y_2^{\beta_2} \times \cdots \times y_s^{\beta_s} = x_1^{\alpha_1} \times x_2^{\alpha_2} \times \cdots \times x_r^{\alpha_m} \times e^{\varepsilon} \quad (4-1)$$

其中，$e^{\varepsilon}$ 为随机扰动项。再对式（4－1）两边取自然对数：

$$\sum_{i=1}^{s} \beta_i \ln(y_i) = \sum_{j=1}^{m} \alpha_j \ln(x_j) + \varepsilon \quad (4-2)$$

由于 R&D 活动的投入、产出间存在一定的共线性，很难直接采用多元线性回归模型对式（4－2）进行参数估计。所以，本书参照 1976 年 Vinod 提出的典型相关分析法（Canonical Correlation Analysis，CCA）对式（4－2）进行参数估计。

2. 典型相关分析

CCA 主要是借助主成分分析（Principal Components Analysis，PCA）降维的思想。具体来说，分别对每一组变量提取主成分（原始变量的线性组合），使其相关程度最大，这样得到第一对典型变量。同理，可以找到第二对典型变量、第三对典型变量、第四对典型变量等，且各对典型变量间保持相互对立。因此，CCA 就是借助少数典型变量的相关性来研究两组变量之间的线性相关关系。

运用 CCA 对式（4－2）进行参数估计，将产生两个分别关于投入产出观测变量的线性组合，可以表示为：

$$U = \alpha_1 \ln(x_1) + \cdots + \alpha_m \ln(x_m) = \sum_{j=1}^{m} \alpha_j \ln(x_j) \quad (4-3)$$

$$V = \beta_1 \ln(y_1) + \cdots + \beta_s \ln(y_s) = \sum_{i=1}^{s} \beta_i \ln(y_i) \quad (4-4)$$

令 $L=(\alpha_1, \alpha_2, \cdots, \alpha_m)$、$M=(\beta_1, \beta_2, \cdots, \beta_s)$，再根据 CCA 方法，取：

$$\rho^* = \max_{L,M} Corr(U, V) \quad (4-5)$$

估算出 $L^*=(\alpha_1^*, \alpha_2^*, \cdots, \alpha_m^*)$ 和 $M^*=(\beta_1^*, \beta_2^*, \cdots, \beta_s^*)$，从而得到：

$$V = \rho^* U \quad (4-6)$$

将式（4－3）、式（4－4）、式（4－5）代入式（4－6）就得到式（4－2）的估计式：

$$\sum_{i=1}^{s}\beta_i^*\ln(y_i) = \sum_{j=1}^{m}\rho^*\alpha_j^*\ln(x_j) \tag{4-7}$$

根据 Gyimah – Brempong 和 Gyapong 以及 Ruggiero 等的定义，投入与产出间的边际产出弹性关系为：

$$ME(y_i, x_j) = \frac{\partial\ln(y_i)}{\partial\ln(x_j)} = \frac{\rho^*\alpha_j^*}{\beta_i^*},\ i=1, 2, \cdots, m;\ j=1, 2, \cdots, s \tag{4-8}$$

## 二、数据和变量说明

为了最大限度地利用数据，本节的研究样本为 1991 ~ 2010 年中国 R&D 活动的投入产出数据。相关资料主要来源于《中国统计年鉴》（2011）和《中国科技统计年鉴》（1991 ~ 2011）。

1. 投入指标

由于本节的 R&D 活动投入产出弹性分析所使用的年度数据跨度较长，如果单纯地以当期 R&D 经费内部支出（亿元）来表示，可能导致分析结果存在较大偏差。因此，R&D 活动的投入指标选取 R&D 人员全时当量（人年）和 R&D 资本存量（亿元）。

由于缺乏 R&D 资本存量的现成数据，本书根据国内外相关研究，采用永续盘存法对中国 R&D 资本存量进行估算：

$$K_t = (1-\delta)\times K_{t-1} + E_{t-1} \tag{4-9}$$

其中，$K_t$ 和 $K_{t-1}$ 分别为第 t 期和第 t – 1 期的资本存量；$E_{t-1}$ 为第 t – 1 期的实际 R&D 经费支出；δ 为折旧率。相对于物质资本而言，R&D 资本的折旧方式相对复杂，至今也没有一个统一的标准和算法。本书根据大多数的做法，将 R&D 资本的 δ 设定为 15%。关于中国 R&D 活动较为完善的统计资料始于 1991 年，因此，本书参照朱平芳和徐伟民（2003）的构造方法：R&D 价格指数 = 0.55 × 消费价格指数 + 0.45 × 固定资产投资价格指数，再将名义 R&D 经费支出统一折算到 1991 年的不变价格。

在估算基期资本存量时，本书假设 R&D 资本存量的增长率等于 R&D 经费的增长率，则基期资本存量的估算公式为：

$$K_0 = E_0/(g+\delta) \tag{4-10}$$

其中，$K_0$ 为基期资本存量，g 为考察期内实际 R&D 经费的平均增长率，δ 为折旧率，$E_0$ 为基期实际 R&D 经费支出。

2. 产出指标

R&D 产出主要包括直接产出和间接产出两个方面，但在间接产出中新产品产值和新产品销售收入都表示 R&D 活动的社会经济效益方面，两者具有很强的相关性和一定的替代性，同时，为了简化模型，我们只选取新产品销售收入来衡

量 R&D 活动的间接产出。因此，R&D 产出指标选取专利申请受理数（件）、国外三大检索工具（SCI、ISTP、EC）收录的科技论文数（篇）和新产品销售收入（亿元）。

同样，由于所使用样本的年度数据跨度较长，可能会由于价格因素致使核算结果的虚增（或虚减）。因此，为了更加真实地反映 R&D 活动的产出现状，本书采用工业品出产价格指数对新产品销售收入进行调整，统一折算成 1991 年的不变价格，以期消除价格因素的影响。

## 三、R&D 活动投入产出弹性分析

根据上述选取的 R&D 投入产出数据，运用典型相关分析（CCA）模型，可以测算出 1991 ~2010 年中国 R&D 活动资源的边际产出弹性，具体结果如表 4 - 16、表 4 - 17 所示。

**表 4 - 16　典型相关系数的统计检验**

| 典型变量 | 典型相关系数 | Wilk's 统计量 | Chi - SQ 统计量 | DF 统计量 | 伴随概率 |
|---|---|---|---|---|---|
| 1 | 0.999 | 0.001 | 114.276 | 6.000 | 0.000 |
| 2 | 0.667 | 0.556 | 9.404 | 2.000 | 0.009 |

**表 4 - 17　典型变量对观测变量的贡献率及累计贡献率**

| 典型变量 | 典型变量对投入变量的贡献率及累计贡献率 | | | | 典型变量对产出变量的贡献率及累计贡献率 | | | |
|---|---|---|---|---|---|---|---|---|
| | (X, V) | | (X, U) | | (Y, V) | | (Y, U) | |
| | 贡献率 | 累计贡献率 | 贡献率 | 累计贡献率 | 贡献率 | 累计贡献率 | 贡献率 | 累计贡献率 |
| 1 | 0.972 | 0.972 | 0.971 | 0.971 | 0.992 | 0.992 | 0.998 | 0.998 |
| 2 | 0.028 | 1.000 | 0.012 | 0.983 | 0.001 | 0.993 | 0.002 | 1.000 |

由表 4 - 16、表 4 - 17 可知，第 1 对典型变量呈现出高度相关，其相关系数高达 0.999，且通过 1% 的统计显著性检验。同时，第 1 对典型变量对 R&D 投入产出变量的解释率均超过 97.1%，这些说明第 1 对典型变量包含了原始变量的绝大部分信息，能对原观测变量起到很好的代表作用。因此，我们选取第 1 对典型变量进行 R&D 投入产出弹性分析是合适的。在典型变量确定后，可以得到 R&D 投入、产出变量标准化的典型系数，如表 4 - 18、表 4 - 19 所示。

表 4－18　R&D 投入变量标准化的典型系数

| 变量 | $V_1$ | $V_2$ |
|---|---|---|
| ln（$x_1$） | 0.004 | －4.215 |
| ln（$x_2$） | 0.996 | 4.096 |

表 4－19　R&D 产出变量标准化的典型系数

| 变量 | $U_1$ | $U_2$ |
|---|---|---|
| ln（$y_1$） | 0.606 | －13.513 |
| ln（$y_2$） | 0.374 | 9.291 |
| ln（$y_3$） | 0.021 | 4.260 |

根据典型相关分析（CCA）公式，第 1 对典型变量与投入产出变量的关系表达式为：

$$V_1 = 0.004 \times \ln(x_1) + 0.996 \times \ln(x_2)$$

$$U_1 = 0.606 \times \ln(y_1) + 0.374 \times \ln(y_2) + 0.021 \times \ln(y_3)$$

根据 CCA 的弹性计算公式，可以计算出中国 R&D 活动投入要素的边际产出弹性，如表 4－20 所示。

表 4－20　R&D 活动资源投入要素边际产出弹性

| 变量 | ln（$y_1$） | ln（$y_2$） | ln（$y_3$） |
|---|---|---|---|
| ln（$x_1$） | 0.0066 | 0.0107 | 0.1903 |
| ln（$x_2$） | 1.6419 | 2.6604 | 47.3811 |

由表 4－20 可知，1991～2010 年中国 R&D 活动中 R&D 资本存量的边际产出弹性要显著大于 R&D 人员的边际产出弹性，说明 R&D 资本存量在 R&D 活动中具有核心作用，这与杨向辉和陈通（2010）、尹伟华（2012）等的结论是基本一致的。然而，本书所测算的 R&D 投入产出弹性的具体数值与上述文献有所不同，其原因可能与选取的指标体系不同有关，但不管选取什么样的指标体系，相对于 R&D 人员而言，R&D 经费的使用效率都是比较高的。然而，中国 R&D 投入强度仍与发达国家存在一定的差距，因此，中国应进一步完善多元化的 R&D 融资渠道，加速提升 R&D 经费的投入强度，以促进 R&D 活动的直接和间接产出成果，提高 R&D 资源的利用效率。

在 R&D 活动的各种产出成果中，R&D 资本存量和 R&D 人员对新产品销售收入的产出弹性是最大的，其数值分别为 47.3811、0.1903。这说明现有的 R&D 资源一方面为企业新产品的开发提供了有效的技术保障，大大提升了企业新产品的生命力、竞争力和 R&D 收益率；另一方面企业通过新产品销售收入提高了其

经济效益，反过来，为企业顺利开展 R&D 活动奠定了基础，这与刘玲利（2008）的结论是一致的。由于任何一个企业要实现经济效益的可持续发展，就必须依靠 R&D 活动，不断地开发出富有竞争力的创新产品。特别地，在科学技术迅猛发展的今天，产品的更新换代越来越快，产品竞争也显得异常激烈，企业只有加强 R&D 创新活动，强化作为 R&D 投入主体的主导地位，才能不断地推进产品升级，促进科研成果尽快转化为现实生产力，真正使企业在市场竞争中长期立于不败之地。

R&D 资本存量和 R&D 人员对科技论文发表数量的产出弹性也是相对较大的，其数值分别为 2.6604、0.0107，说明现有的 R&D 资源有效地推动了中国基础研究的发展。基础研究作为科学之本、技术之源，是新知识产生的源泉和新发明创造的先导，也是自主创新的来源，国民经济和社会可持续发展过程中遇到的许多技术瓶颈等问题必须依靠基础研究来解决，而基础研究的产出弹性相对较大，表明增加 R&D 资源将直接影响到中国科学研究的整体水平和原始创新能力的提高，为加快建设创新型国家提供重要基础和有力保障。

R&D 资本存量和 R&D 人员对专利申请受理量的产出弹性最小，分别为 1.6419、0.0066，说明相对于其他 R&D 产出成果，现有的 R&D 资源并未有效地促进专利成果的快速增长，这与尹伟华（2012）的结论是基本一致的。这主要是由于中国是发展中国家，技术能力有限，开始主要是模仿发达国家的先进技术，加之 R&D 创新活动的收益虽大，但风险很高。因此，从技术层面上来说，发展中国家更关注模仿，尤其是在知识产权保护力度不足的情况下，模仿显然比自己创新更为合算。

综上所述，无论是对 R&D 所有产出成果，还是对 R&D 单个产出成果，R&D 人员全时当量的边际产出弹性都是非常小的值，这说明在 R&D 活动过程中，R&D 人员的利用效率较低，存在较大程度的浪费。这主要是由三个方面的原因引起的：①近年来，随着科技发展战略不断实施，我国不断加大 R&D 经费投入力度，使得 R&D 经费总量保持了较快的增长态势，但其相对量（人均 R&D 经费、R&D 投入强度等）仍处于较低的水平，这在一定程度上与现有的 R&D 人员不相匹配，从而造成 R&D 人员的浪费；②由于我国 R&D 人力资源配置机制正处于不断形成和优化的过程，R&D 人员还不能完全实现以市场为导向的自由流动，同时，R&D 人员中的高级技术人员属于异质性要素，专用性也较强，流动性会受到一定的限制，这些都会使 R&D 人员的浪费现象更加突出；③虽然我国已拥有丰富的 R&D 人力资源，但 R&D 人力资源的内部结构并不合理，高层次的 R&D 创新人才相对缺乏，使一些 R&D 人才相对过剩，另一些 R&D 人才严重缺乏，造成相对过剩和绝对缺乏的结构性矛盾。

# 第五章　中国 R&D 活动的效率评价

由于 R&D 活动的创新过程是一个多投入、多产出的复杂系统，包含了从研究到开发、从科技到生产、从产品到市场等一系列过程。因此，为了较全面、准确地了解中国 R&D 活动效率，本章在 R&D 活动效率评价指标体系的基础上，基于投入导向型的网络 DEA－SBM 视窗分析模型，从区域、行业两大视角对中国 R&D 活动效率进行评价。

## 第一节　网络 DEA 视窗分析模型

网络 DEA 模型的实质是将决策单元的复杂过程进行分解，从而可以考察每一个子过程的效率及其对整体效率的影响。目前的网络 DEA 模型可以分为独立模型和关联模型两类，且主要以链形和并形两种基本网络结构为对象。

### 一、网络 DEA 模型

根据前文所述，由于 R&D 活动是一个复杂的系统，基于价值链视角，其投入产出过程具有明显的两阶段过程，故其效率评价应采用链形结构的网络 DEA 模型。然而，许多新开发的两阶段 DEA 模型框架并不具有普适性，因为这些模型要么假设第一阶段没有最终产出，要么假设第二阶段没有初始投入（Chen 和 Zhu，2004；Rho 和 An，2007；Kao 和 Hwang，2008；Chen 等，2009）。因此，为了更加合理地评价 R&D 活动效率，本书对已有模型框架进行了修正（见图 5－1）。

设 $DMU_j^t(j=1, 2, \cdots, n; t=1, 2, \cdots, t)$ 共有 $k(k=1, 2)$ 个子过程。子过程 1 的投入为 $X_j^{1,t}=(x_{j1}^{1,t}, x_{j2}^{1,t}, \cdots, x_{jM_1}^{1,t})^T \in R^{M_1}$，最终产出为 $Y_j^{1,t}=(y_{j1}^{1,t}, y_{j2}^{1,t}, \cdots, y_{jS_1}^{1,t})^T \in R^{S_1}$，中间产品为 $Z_j^t=(z_{j1}^t, z_{j2}^t, \cdots, z_{jP}^t)^T \in R^P$；子过程 2 的投入除包含子过程 1 的中间产品 $Z_j^t=(z_{j1}^t, z_{j2}^t, \cdots, z_{jP}^t)^T \in R^P$，还包含追加投入 $X_j^{2,t}=(x_{j1}^{2,t}, x_{j2}^{2,t}, \cdots,$

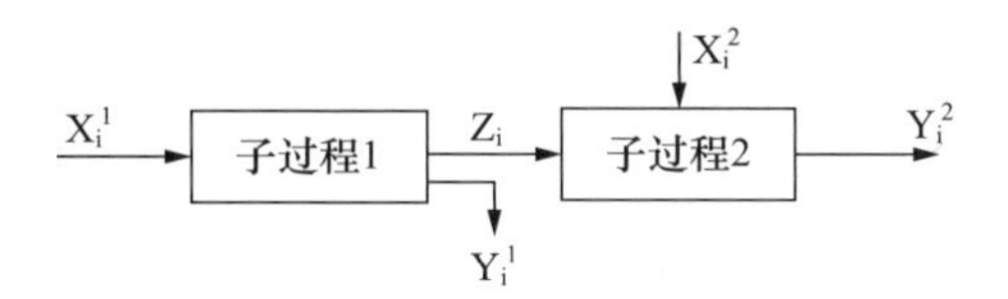


**图 5-1 具有两个子过程的 DMU 内部结构**

$x_{jM_2}^{2,t})^T \in R^{M_2}$，最终产出为 $Y_j^{2,t} = (y_{j1}^{2,t},\ y_{j2}^{2,t},\ \cdots,\ y_{jS_2}^{2,t})^T \in R^{S_2}$，其中，$t=1,\ 2,\ \cdots,\ T$ 代表每一时期。则基于可变规模报酬（VRS）假设的生产可能集 P 可定义为：

$$P = \left\{ \begin{array}{l} (x^{1,t}, x^{2,t}, z^t, y^{1,t}, y^{2,t}): x^{1,t} \geqslant \sum_{j=1}^{n} x_j^{1,t}\lambda_j^{(1,t)}, y^{1,t} \leqslant \sum_{j=1}^{n} y_j^{1,t}\lambda_j^{(1,t)}, x^{2,t} \geqslant \sum_{j=1}^{n} x_j^{2,t}\lambda_j^{(2,t)}, \\ y^{2,t} \leqslant \sum_{j=1}^{n} y_j^{2,t}\lambda_j^{(2,t)}, z^t = \sum_{j=1}^{n} z_j^t\lambda_j^{(1,t)}, z^t = \sum_{j=1}^{n} z_j^t\lambda_j^{(2,t)}, \\ \sum_{j=1}^{n} \lambda_j^{(k,t)} = 1(\forall k), \lambda_j^{(k,t)} \geqslant 0(\forall j,k,t) \end{array} \right\}$$

其中，$\lambda^{(k,t)}$ 是子过程 $k(k=1,\ 2)$ 生产过程中密集度的密度向量。如果去掉 $\sum_{j=1}^{n} \lambda_j^{(k,t)} = 1$ 的假设条件，则其生产可能集 P 是基于固定规模报酬（CRS）假设。

基于上述定义，对于某一特定的 $DMU_0^t(t=1,\ 2,\ \cdots,\ T)$ 可表达为：

$$\begin{array}{l} X_0^{1,t} = X^{1,t}\lambda^{(1,t)} + s^{(1,t)-} \\ Y_0^{1,t} = Y^{1,t}\lambda^{(1,t)} - s^{(1,t)+} \\ X_0^{2,t} = X^{2,t}\lambda^{(2,t)} + s^{(2,t)-} \\ Y_0^{2,t} = Y^{2,t}\lambda^{(2,t)} - s^{(2,t)+} \\ e\lambda^{(k,t)} = 1 \\ \lambda^{(k,t)} \geqslant 0,\ s^{(k,t)-} \geqslant 0,\ s^{(k,t)+} \geqslant 0 \end{array} \tag{5-1}$$

其中，$X^{1,t} = (X_1^{1,t},\ X_2^{1,t},\ \cdots,\ X_n^{1,t})$，$Y^{1,t} = (Y_1^{1,t},\ Y_2^{1,t},\ \cdots,\ Y_n^{1,t})$，$X^{2,t} = (X_1^{2,t},\ X_2^{2,t},\ \cdots,\ X_n^{2,t})$，$Y^{2,t} = (Y_1^{2,t},\ Y_2^{2,t},\ \cdots,\ Y_n^{2,t})$，$e^T = (1,\ 1,\ \cdots,\ 1)$，$s^{(k,t)-}$、$s^{(k,t)+}$ 分别表示投入和产出的松弛向量。

关于中间链接变量（Z）的限制，网络 SBM 模型有两种链接方式：一是"自由"链接方式，即中间链接变量是可自由处置、自由变化的。其限制条件为：

$$Z^t\lambda^{(1,t)} = Z^t\lambda^{(2,t)} \tag{5-2}$$

二是"固定"链接方式，即中间链接变量是非自由处置、固定不变的。其限制条件为：

$$Z_0^t = Z^t\lambda^{(1,t)},\ Z_0^t = Z^t\lambda^{(2,t)} \tag{5-3}$$

考虑到中间链接变量的现实意义，本书采用"自由"链接方式。则 VRS 假设条件下投入导向型的网络 SBM 模型为：

$$D_{v0}^{t}(x_0^{1,t},x_0^{2,t},z_0^t,y_0^{1,t},y_0^{2,t}) = \min_{\lambda^k,s^{k-}} \sum_{k=1}^{K} w^k \left[1 - \frac{1}{M_k}\left(\sum_{i=1}^{M_k} \frac{s_i^{(k,t)-}}{x_{i0}^{k,t}}\right)\right]$$

$$\text{s.t.} \quad (5-1),(5-2) \text{ and } \sum_{k=1}^{K} w^k = 1 \tag{5-4}$$

其中，$w^1$（或 $w^2$）表示子过程 1（或子过程 2）的相对权重，即子过程相对于整体过程的重要程度。① 若 $\lambda^{(1,t)*}$、$\lambda^{(2,t)*}$、$s^{(1,t)-*}$、$s^{(2,t)-*}$、$s^{(1,t)+*}$、$s^{(2,t)+*}$ 为模型(5-4)的最优解，则 $DMU_0^t$ 整体及子过程 k(k=1，2)的效率分别为：

$$D_{v0}^{t*} = \sum_{k=1}^{K} w^k \left[1 - \frac{1}{M_k}\left(\sum_{i=1}^{M_k} \frac{s_i^{(k,t)-*}}{x_{i0}^{k,t}}\right)\right] \tag{5-5}$$

$$D_{vk}^{t*} = 1 - \frac{1}{M_k}\left(\sum_{i=1}^{M_k} \frac{s_i^{(k,t)-*}}{x_{i0}^{k,t}}\right), k = 1,2 \tag{5-6}$$

由模型（5-1）～模型（5-6）容易得到：若效率值 $D_{v0}^{t*}$（或 $D_{vk}^{t*}$）等于 1，则称 $DMU_0^t$ 整体(或子过程 k)是有效的；整体效率 $D_{v0}^{t*}$ 等于各子过程效率 $D_{vk}^{t*}$(k=1，2)的加权算术平均，即 $D_{v0}^{t*} = \sum_{k=1}^{2} w^k D_{vk}^{t*}$；一个 DMU 整体有效，当且仅当它的每个子过程都是有效的；基于 VRS 假设条件，每个子过程至少有一个是有效的；基于 CRS 假设条件，在“自由”链接方式下，子过程并不一定会出现有效的，而在“固定”链接方式下，每个子过程至少有一个是有效的。

## 二、模型假设条件检验

由于在不同的假设条件（CRS 或 VRS）下，运用上述网络 SBM 模型测算的 DMU 的效率也是不尽相同的，因此，在进行效率评价之前，首先必须对效率评价模型的假设条件进行正确的选择。

Banker 等（1993，1996，2011）基于 DEA 模型测算的效率得分开发的统计检验方法，可以对 DEA 评价模型的假设条件（CRS 或 VRS）进行检验。统计检验方法的基本原理是：通过不同假设条件下的 DEA 效率得分进行比较，如果 CRS 假设条件下的效率得分与 VRS 假设条件下的效率得分无显著性差异，则表示 VRS 假设条件下的约束条件（$\sum\lambda=1$）是多余的，即 CRS 假设条件更合适；反之，则表示 VRS 假设条件下的约束条件（$\sum\lambda=1$）不是多余的，即 VRS 假设条件更适合。具体来说，原假设 $H_0$ 设为：样本数据适用于 CRS 假设条件；备择

① 一方面，在没有任何先验信息的前提下，等权原则是比较合理的处理方式；另一方面，由于中国正处于经济转型的关键时期，科技研发子过程和经济转化子过程应同等重要。基于此，本书遵循等权重原则。

假设 $H_1$ 设为：样本数据适用于 VRS 假设条件。一般来说，主要有两类方法进行上述假设检验：一类是基于渐进统计理论的参数检验方法（2 种）；另一类是非参数检验方法（1 种）。

（1）参数检验方法：设真实的效率为 $E_j$，如果其对数服从 $[0, +\infty)$ 上的指数分布，则不同假设条件下的效率得分无显著差异的情况下，其检验统计量为：

$$T_{ex} = \frac{\sum_{j=1}^{N} \ln(E_j^{CRS})/N}{\sum_{j=1}^{N} \ln(E_j^{VRS})/N} \sim F(2N,2N) \tag{5-7}$$

其中，$E_j^{VRS}$、$E_j^{CRS}$ 分别表示 VRS 和 CRS 假设条件下的 $DMU_j$ 的效率得分，N 表示 DMU 的总数。

（2）参数检验方法：设真实的效率为 $E_j$，如果其对数服从 $[0, +\infty)$ 上的半对数分布，则不同假设条件下的效率得分无显著差异的情况下，其检验统计量为：

$$T_{hn} = \frac{\sum_{j=1}^{N} \ln(E_j^{CRS})^2/N}{\sum_{j=1}^{N} \ln(E_j^{VRS})^2/N} \sim F(N,N) \tag{5-8}$$

（3）非参数检验方法：设真实的效率为 $E_j$，如果其概率分布不做任何假设，则不同假设条件下的效率得分无显著差异的情况下，运用非参数技术的 Kolmogorov－Smirnov 进行检验，其检验统计量为：

$$KS = \max\{\widehat{F}(E_j^{VRS}) - \widehat{F}(E_j^{CRS}) \mid j = 1, 2, \cdots, N\} \tag{5-9}$$

其中，$\widehat{F}(E_j^{VRS})$、$\widehat{F}(E_j^{CRS})$ 分别表示 VRS 和 CRS 假设条件下效率得分的实证的累积分布。

## 三、视窗分析模型

上述网络 SBM 模型主要用于截面数据分析，即对被评价的 DMU 与同时期的其他 DMU 进行比较，其没有考虑时间的影响。但从时间角度来看，截面数据分析得出的结论容易出现偏差，因为某些资源在早期看来可能是浪费的，但实际上这些资源会部分产生未来的收益。面板数据测算的效率不仅反映了与其他 DMU 的比较结果，而且也反映了自身效率的变动情况，因此，面板数据分析更能反映 DMU 的实际效率（Kumbhakar 和 Lovell，2000）。

Charnes 等提出的视窗分析模型（Window Analysi，WA）主要是对面板数据进行效率测算。WA 的基本原理是：将不同时期的同一个 DMU 当作不同的单元来处理，于是可以将相近时期的 DMU 构成一个参考集。具体来说，首先确定视窗内（参考集）的时期长度（窗宽），然后对窗宽内的每一个 DMU 进行效率评估。在视窗分析模型中，视窗每滑动一次就将最早的一个时期从视窗中去掉，而增加下一个新时期，这与统计学中的平滑指数类似（Charnes、Cooper、Lewin 和 Seiford，1994）。

设在时间 $t(t=1, 2, \cdots, T)$ 内有 j 个 $DMU(j=1, 2, \cdots, n)$，则 $DMU_j$ 在时间 t 中，子过程 1 的投入向量为 $X_t^{j1}=(x_{1t}^{j1}, x_{2t}^{j1}, \cdots, x_{Mt}^{j1})^T$，产出向量为 $Y_t^{j1}=(y_{1t}^{j1}, y_{2t}^{j1}, \cdots, y_{St}^{j1})^T$，中间产品向量为 $Z_t^j=(z_{1t}^j, z_{2t}^j, \cdots, z_{Pt}^j)^T$；子过程 2 的投入向量为 $X_t^{j2}=(x_{1t}^{j2}, x_{2t}^{j2}, \cdots, x_{Mt}^{j2})^T$、$Z_t^j=(z_{1t}^j, z_{2t}^j, \cdots, z_{Pt}^j)^T$，产出向量为 $Y_t^{j2}=(y_{1t}^{j2}, y_{2t}^{j2}, \cdots, y_{St}^{j2})^T$。同时，假设窗宽为 $w(1\leqslant w\leqslant T)$，视窗时间从 $k(1\leqslant k\leqslant T-w+1)$ 开始，则第 $k_w$ 个视窗共有 $n\times w$ 个 DMU，且其视窗分析的投入产出矩阵可表示为：

$$X_{kw}^1=(X_k^{11}, X_k^{21}, \cdots, X_k^{n1}, X_{k+1}^{11}, X_{k+1}^{21}, \cdots, X_{k+1}^{n1}, \cdots, X_{k+w}^{11}, X_{k+w}^{21}, \cdots, X_{k+w}^{n1})$$

$$Y_{kw}^1=(Y_k^{11}, Y_k^{21}, \cdots, Y_k^{n1}, Y_{k+1}^{11}, Y_{k+1}^{21}, \cdots, Y_{k+1}^{n1}, \cdots, Y_{k+w}^{11}, Y_{k+w}^{21}, \cdots, Y_{k+w}^{n1})$$

$$Z_{kw}=(Z_k^1, Z_k^2, \cdots, Z_k^N, Z_{k+1}^1, Z_{k+1}^2, \cdots, Z_{k+1}^N, \cdots, Z_{k+w}^1, Z_{k+w}^2, \cdots, Z_{k+w}^N)$$

$$X_{kw}^2=(X_k^{12}, X_k^{22}, \cdots, X_k^{n2}, X_{k+1}^{12}, X_{k+1}^{22}, \cdots, X_{k+1}^{n2}, \cdots, X_{k+w}^{12}, X_{k+w}^{22}, \cdots, X_{k+w}^{n2})$$

$$Y_{kw}^2=(Y_k^{12}, Y_k^{22}, \cdots, Y_k^{n2}, Y_{k+1}^{12}, Y_{k+1}^{22}, \cdots, Y_{k+1}^{n2}, \cdots, Y_{k+w}^{12}, Y_{k+w}^{22}, \cdots, Y_{k+w}^{n2})$$

关于窗宽长度的选择标准，至今还没有形成一个合适的理论对其进行判定，但在实际处理中，一般都取 3，这与 Charnes 等的做法是一致的。

## 第二节　区域 R&D 活动的效率分析

### 一、样本和数据说明

根据 R&D 活动的两阶段过程及评价指标体系，各区域在科技研发子过程中，其投入主要包括 R&D 经费内部支出（万元）、R&D 人员全时当量（人年）；相应的研发产出主要包括技术成果产出的专利申请数（件）和科学成果产出的国外主要检索工具收录的科技论文数（篇）。在经济转化子过程中，其投入除了科技研发子过程中继续进行商业化的技术成果产出外，还应该包括技术改造经费支出

(万元)、技术获取经费支出（万元）(包括技术购买、引进经费支出和技术消化吸收经费支出)[①]；最终的经济效益产出主要包括新产品销售收入（万元）和新产品产值（万元）。

在 R&D 活动效率评价过程中，考虑到 R&D 投入产出之间存在一定的时滞性，因此需要考虑 R&D 投入、产出之间的时间延迟问题。然而，到目前为止并没有一个普遍接受的时间滞后长度（Wang 和 Huang，2007)，而且大量的实证研究也表明了不同的时间滞后长度对 R&D 活动效率的评价结果影响并不大（Griliches，1990；Li，2009)。本书参考 Adams 和 Griliches（1998)、Guellec（2004）等的相关研究，同时为了尽可能多地增加样本容量，确定 R&D 资源投入到科技成果产出的滞后期为 1 年，技术成果产出到经济效益产出的滞后期为 1 年。中国区域 R&D 活动数据始于 1998 年，但初始数据存在一定的波动性。特别地，在进入 21 世纪和加入 WTO 后，R&D 活动才得到了真正快速稳定的发展，故本节以中国各省、市、自治区为样本[②]（不包括港、澳、台）地区，R&D 资源投入数据选取 2001 ~2008 年，科技成果产出数据选取 2002 ~2009 年，经济效益产出数据选取 2003 ~2010 年。数据主要来源于《中国科技统计年鉴》(2002 ~2011)。

另外，为了进一步比较分析中国 R&D 活动效率的地区差异，本书根据《中国科技统计年鉴》的划分原则，将中国划分为东部、中部、西部三大地区。东部地区包括北京、天津、河北、辽宁、上海、江苏、浙江、福建、山东、广东、海南 11 个省市；中部地区包括山西、吉林、黑龙江、安徽、江西、河南、湖北、湖南 8 个省市；西部地区包括内蒙古、广西、重庆、四川、贵州、云南、西藏、陕西、甘肃、青海、宁夏、新疆 12 个省市区。

## 二、模型假设条件选择

在 R&D 活动效率评价过程中，固定规模报酬（CRS）的假设表明所有区域的 R&D 活动都是处于最优的生产规模，但实际上，受到政策体制、财政资源等各种因素的限制，大部分区域 R&D 活动的生产规模都是无法达到最优状态的。同时，从 R&D 活动投入产出的相关数据也可以看出，各区域 R&D 活动的投入、产出规模存在很大的差异，所以，相对于 CRS 假设，我们更愿意采用 VRS 假设，因为 VRS 假设更符合实际情况（Casu 等，2003；Sathye，2003；Gupta 等，2008；Sufian，2009)，即没有理由认为各区域的 R&D 活动具有 CRS 的生产技术特征。但为了进一步从理论上给出一个满意的结果，本节采用 Banker 等（1993，1996，

① 为了减少模型指标数量，增强 DEA 模型的判别能力，故将技术购买、引进经费支出和技术消化吸收经费支出进行合并。

② 由于西藏自治区变量异常值较多，且存在数据缺失，故样本剔除西藏自治区。

2011）开发的统计检验方法对各视窗内网络 SBM 模型的假设条件进行选择。检验结果如表 5－1 所示。

**表 5－1　基于区域 R&D 活动整体的网络 SBM 模型假设条件检验**

| 视窗 | ln（E*）～指数分布 | ln（E*）～半正态分布 | Kolmogorov－Smirnov |
|---|---|---|---|
| | F（180，180） | F（90，90） | 非参数检验 |
| 2001－2002－2003 | 1.4787*** | 1.9583*** | 1.9380*** |
| 2002－2003－2004 | 1.5354*** | 2.0324*** | 2.3850*** |
| 2003－2004－2005 | 1.3827** | 1.6775*** | 1.7140*** |
| 2004－2005－2006 | 1.3190** | 1.5172** | 1.7140*** |
| 2005－2006－2007 | 1.2880** | 1.4911** | 1.4160** |
| 2006－2007－2008 | 1.2373* | 1.4446** | 1.3420* |

注：***、**、* 分别表示在 1%、5%、10% 的水平下显著。

由表 5－1 可知，无论是基于参数技术的假设检验，还是基于非参数技术的假设检验，各视窗内的网络 SBM 模型在不同假设条件（CRS 或 VRS）下所测算的中国区域 R&D 活动效率得分均存在显著的差异。这就是说，VRS 假设条件下网络 SBM 模型测算的结果更符合中国区域的实际情况，或者说，相对于 CRS 假设条件，选择基于 VRS 假设条件的网络 SBM 模型作为最终效率评价模型，犯错误的可能性较小。

同时，为了进一步检验区域 R&D 活动效率评价模型的假设条件，我们还对区域 R&D 活动的两个子过程效率得分进行相应的假设检验。检验结果如表 5－2 所示。

**表 5－2　基于区域 R&D 活动子过程的网络 SBM 模型假设条件检验**

| 子过程 | 视窗 | ln（E*）～指数分布 | ln（E*）～半正态分布 | Kolmogorov－Smirnov |
|---|---|---|---|---|
| | | F（180，180） | F（90，90） | 非参数检验 |
| 科技研发子过程 | 2001－2002－2003 | 1.2555* | 1.5734** | 1.5430** |
| | 2002－2003－2004 | 1.1893 | 1.4073* | 0.8940 |
| | 2003－2004－2005 | 1.4429*** | 1.9033*** | 1.6400*** |
| | 2004－2005－2006 | 1.3933** | 1.7050*** | 1.2930* |
| | 2005－2006－2007 | 1.4385*** | 1.8704*** | 1.3420* |
| | 2006－2007－2008 | 1.3713** | 1.7786*** | 1.3420* |

续表

| 子过程 | 视窗 | ln（E*）～指数分布 | ln（E*）～半正态分布 | Kolmogorov – Smirnov 非参数检验 |
|---|---|---|---|---|
| | | F（180，180） | F（90，90） | |
| 经济转化子过程 | 2001 – 2002 – 2003 | 1.8513*** | 2.5683*** | 3.8010*** |
| | 2002 – 2003 – 2004 | 2.0697*** | 3.0479*** | 4.5740*** |
| | 2003 – 2004 – 2005 | 1.3344** | 1.4812** | 1.3420* |
| | 2004 – 2005 – 2006 | 1.2538* | 1.3250* | 1.5650** |
| | 2005 – 2006 – 2007 | 1.1892 | 1.2515 | 1.4160** |
| | 2006 – 2007 – 2008 | 1.1502 | 1.2205 | 1.2670* |

注：***、**、*分别表示在1%、5%、10%的水平下显著。

具体到区域 R&D 活动的内部子过程而言，无论是科技研发子过程，还是经济转化子过程，大部分的假设检验表明，不同假设条件下网络 SBM 模型测算的效率得分存在显著差异，这也进一步证实了选择 VRS 假设条件的效率评价模型更符合中国区域的现实。因此，本节后续关于中国区域 R&D 活动效率的评价和分析均基于 VRS 假设条件。

## 三、R&D 活动整体效率分析

基于 VRS 假设条件的网络 SBM 视窗分析模型，可测算出 2001～2008 年中国区域 R&D 活动效率，如表 5－3 所示。其横向数值反映每个省区 R&D 活动效率的时间变化，纵向数值反映同一年份 R&D 活动效率的空间变化。

**表 5－3　2001～2008 年中国区域 R&D 活动效率**

| 区域 | 2001 年 | 2002 年 | 2003 年 | 2004 年 | 2005 年 | 2006 年 | 2007 年 | 2008 年 | 均值 |
|---|---|---|---|---|---|---|---|---|---|
| 北京 | 1.0000 | 0.9601 | 0.6858 | 1.0000 | 0.9153 | 1.0000 | 1.0000 | 0.9195 | 0.9351 |
| 天津 | 0.8013 | 0.8533 | 0.8683 | 0.9327 | 0.6380 | 0.5832 | 0.4591 | 0.4941 | 0.7037 |
| 河北 | 0.1593 | 0.2449 | 0.1928 | 0.3543 | 0.2934 | 0.2157 | 0.2610 | 0.2379 | 0.2449 |
| 山西 | 0.2538 | 0.3168 | 0.2891 | 0.3878 | 0.2935 | 0.2080 | 0.2225 | 0.1717 | 0.2679 |
| 内蒙古 | 0.1807 | 0.4122 | 0.3129 | 0.3922 | 0.2272 | 0.2456 | 0.2240 | 0.1621 | 0.2696 |
| 辽宁 | 0.3687 | 0.3626 | 0.3299 | 0.4516 | 0.3867 | 0.4089 | 0.3825 | 0.3851 | 0.3845 |
| 吉林 | 0.4326 | 0.3795 | 0.7838 | 0.8761 | 0.8683 | 0.8073 | 0.9669 | 0.8436 | 0.7448 |
| 黑龙江 | 0.3204 | 0.3423 | 0.4037 | 0.4725 | 0.5527 | 0.5655 | 0.6419 | 0.5660 | 0.4831 |
| 上海 | 0.7835 | 0.8672 | 0.8181 | 1.0000 | 0.9522 | 0.7462 | 0.7711 | 0.7373 | 0.8345 |
| 江苏 | 0.3779 | 0.4438 | 0.4634 | 0.5194 | 0.7395 | 0.6851 | 0.7885 | 1.0000 | 0.6272 |

续表

| 区域 | 2001 年 | 2002 年 | 2003 年 | 2004 年 | 2005 年 | 2006 年 | 2007 年 | 2008 年 | 均值 |
|---|---|---|---|---|---|---|---|---|---|
| 浙江 | 0. 4508 | 0. 4498 | 0. 7808 | 0. 8283 | 0. 8350 | 0. 8362 | 0. 5909 | 0. 8858 | 0. 7072 |
| 安徽 | 0. 3907 | 0. 3263 | 0. 4534 | 0. 5070 | 0. 5370 | 0. 4699 | 0. 4734 | 0. 4275 | 0. 4482 |
| 福建 | 0. 6125 | 0. 6053 | 0. 6825 | 0. 6988 | 0. 5059 | 0. 4634 | 0. 3963 | 0. 3774 | 0. 5428 |
| 江西 | 0. 1855 | 0. 1524 | 0. 1746 | 0. 2351 | 0. 2400 | 0. 2355 | 0. 1916 | 0. 2868 | 0. 2127 |
| 山东 | 0. 3183 | 0. 5769 | 0. 6400 | 0. 6587 | 0. 6925 | 0. 6767 | 0. 7078 | 0. 6736 | 0. 6181 |
| 河南 | 0. 1584 | 0. 2310 | 0. 2422 | 0. 3598 | 0. 2746 | 0. 2554 | 0. 2673 | 0. 2664 | 0. 2569 |
| 湖北 | 0. 3851 | 0. 3867 | 0. 4064 | 0. 6028 | 0. 7474 | 0. 6656 | 0. 6370 | 0. 6295 | 0. 5576 |
| 湖南 | 0. 2883 | 0. 4115 | 0. 4738 | 0. 5703 | 0. 7002 | 0. 6997 | 0. 6553 | 0. 6068 | 0. 5508 |
| 广东 | 0. 5973 | 0. 8730 | 0. 9232 | 0. 9301 | 1. 0000 | 0. 8702 | 0. 7249 | 0. 8559 | 0. 8468 |
| 广西 | 0. 2187 | 0. 3455 | 0. 3063 | 0. 3002 | 0. 5394 | 0. 5443 | 0. 7242 | 0. 7240 | 0. 4628 |
| 海南 | 1. 0000 | 1. 0000 | 0. 9386 | 0. 8808 | 1. 0000 | 1. 0000 | 0. 5492 | 0. 9749 | 0. 9179 |
| 重庆 | 0. 5251 | 0. 5187 | 0. 3539 | 0. 6921 | 0. 6419 | 0. 5752 | 0. 4597 | 0. 5910 | 0. 5447 |
| 四川 | 0. 2013 | 0. 2297 | 0. 2864 | 0. 3372 | 0. 4138 | 0. 3862 | 0. 4212 | 0. 3824 | 0. 3323 |
| 贵州 | 0. 1582 | 0. 1580 | 0. 2320 | 0. 2852 | 0. 3331 | 0. 2642 | 0. 2507 | 0. 3323 | 0. 2517 |
| 云南 | 0. 2681 | 0. 2129 | 0. 2121 | 0. 3259 | 0. 2900 | 0. 2728 | 0. 2673 | 0. 2999 | 0. 2686 |
| 陕西 | 0. 2913 | 0. 2624 | 0. 2930 | 0. 5121 | 0. 5505 | 0. 5536 | 0. 6044 | 0. 6353 | 0. 4628 |
| 甘肃 | 0. 5173 | 0. 4151 | 0. 4342 | 0. 5796 | 0. 4812 | 0. 4838 | 0. 5395 | 0. 4982 | 0. 4936 |
| 青海 | 0. 3501 | 0. 5090 | 0. 4517 | 0. 4836 | 0. 5329 | 0. 3823 | 0. 4131 | 0. 3738 | 0. 4371 |
| 宁夏 | 0. 2527 | 0. 2686 | 0. 2480 | 0. 3652 | 0. 2837 | 0. 2269 | 0. 1386 | 0. 1680 | 0. 2440 |
| 新疆 | 0. 1978 | 0. 2274 | 0. 2829 | 0. 3263 | 0. 2351 | 0. 2302 | 0. 2852 | 0. 4235 | 0. 2761 |
| 均值 | 0. 4015 | 0. 4448 | 0. 4655 | 0. 5622 | 0. 5567 | 0. 5186 | 0. 5005 | 0. 5310 | 0. 4976 |
| 标准差 | 0. 2330 | 0. 2373 | 0. 2335 | 0. 2313 | 0. 2422 | 0. 2382 | 0. 2273 | 0. 2483 | 0. 2142 |
| 标准差系数 | 0. 5804 | 0. 5334 | 0. 5017 | 0. 4113 | 0. 4351 | 0. 4593 | 0. 4541 | 0. 4677 | 0. 4304 |

注：标准差系数 = 标准差/均值①。

2001 ~2008 年中国区域 R&D 活动效率趋势如图 5 -2 所示。

总体来看，2001 ~2008 年中国区域 R&D 活动效率均值只有 0. 4976，而标准差系数却高达0. 4304，且最大效率均值为 0. 9351，最小效率均值为 0. 2127，这些数据表明中国区域 R&D 活动效率不仅存在很大的提升空间，而且也存在明显

① 由于标准差系数不受变量值水平高低的影响，所以能够用来对比不同时空不同水平数列的标志变异程度。

的区域差异，这与岳书敬（2008）、白俊红等（2010）的结论基本一致。但本书测算的效率均值略低，其原因可能与选用的方法不同有关：一方面，SFA 模型考虑了随机扰动项对技术效率的影响，使得测算的结果有所提高；另一方面，相对于传统 DEA 模型，网络 DEA 将 DMU 的内部结构进行了分解，使得网络 DEA 具有更强的判别力。具体来看，报告期内 R&D 活动效率最高的 4 个省市几乎保持不变，始终是北京、广东、上海和海南，它们成为其他省市区学习的标杆。效率均值较高的省市还包括吉林（0.7448）、浙江（0.7072）、天津（0.7037）、江苏（0.6272）和山东（0.6181），其效率均值均超过 0.61，表明这些省市的 R&D 资源利用较为接近前沿面，改进空间不大。而考察期内效率排名最后几位的省区也基本没有发生变化，依然是江西、贵州、河南和河北等，相对于效率较高的省市区而言，这些省区的 R&D 投入存在严重的资源浪费。

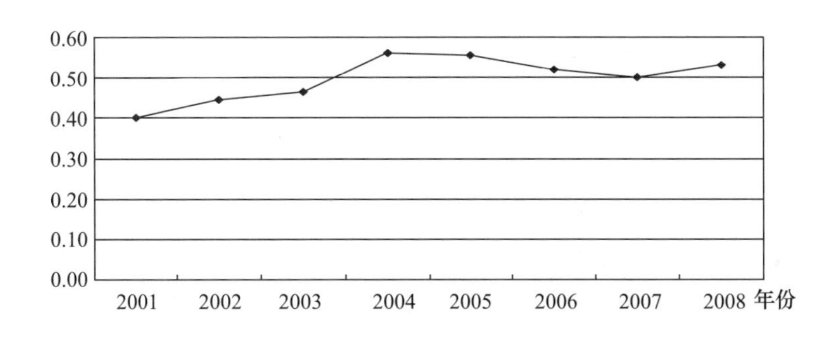


**图 5－2　2001～2008 年中国区域 R&D 活动效率趋势**

从 R&D 活动效率的变化趋势来看，报告期内中国区域 R&D 活动效率表现出一定波动后的缓慢上升趋势，其效率值由 2001 年的 0.4015 上升到 2004 年的 0.5622，而后有所下降，一直下降到 2007 年的 0.5005，最后又上升到 2008 年的 0.5310。具体到各省区而言，R&D 活动效率的演化趋势则较为多变。例如，相对于江西、河南、河北等省区基本维持原有的低效率水平，北京、上海、广东、海南等省市则基本维持原有的高效率水平；吉林、浙江、江苏、山东、湖北、湖南、黑龙江、陕西、广西等省区表现为明显的上升趋势；天津、福建、山西、宁夏等省市则呈现出一定的下降趋势。

从 R&D 活动效率的差异性来看，考察期内中国区域 R&D 活动效率的差异呈现出先下降后上升的“V 字形”特征，但总的来说，R&D 活动效率差异呈现出波动中的缓慢下降趋势。2001～2004 年 R&D 活动效率的标准差系数呈下降趋势，由 2001 年的 0.5804 下降到 2004 年的 0.4113，而 2005～2008 年转呈上升趋势，由 2005 年的 0.4351 上升到 2008 年的 0.4677。上述现象一方面表明考察期内中国 R&D 活动效率的区域差异有所缩小，区域间存在良性的技术外溢，即存在所谓“收敛”现象，这与李婧等（2009）、庞瑞芝（2010）的结论是基本一致的；另一方面我们也应该看到，近几年 R&D 活动效率区域差异的扩大趋势，也显现出区域间的“良性”技术外溢效应正面临严峻的挑战。具体到每个省区而言，不同时间的 R&D 活动效率差异变化也较大。例如，内蒙古、广西、江苏、陕西、吉林等省区的时间变化较大，而北京、上海、甘肃、辽宁、广东、海南、安徽、云南等省市的时间变化较小。

## 四、R&D 活动内部子过程效率分析

网络 DEA 模型主要是将决策单元的内部结构进行分解，考虑了决策单元内部结构之间的相互关联，从而能对决策单元的内部结构加以评价和分析。因此，根据上述网络 SBM 视窗分析模型，在评价中国区域 R&D 活动整体效率的同时，我们还可以进一步对 R&D 活动内部子过程（科技研发子过程和经济转化子过程）效率进行评价和分析。具体结果如表 5－4、表 5－5 所示。

**表 5－4　2001～2008 年中国区域 R&D 活动的科技研发子过程效率**

| 区域 | 2001 年 | 2002 年 | 2003 年 | 2004 年 | 2005 年 | 2006 年 | 2007 年 | 2008 年 | 均值 |
|---|---|---|---|---|---|---|---|---|---|
| 北京 | 1.0000 | 0.9203 | 0.9228 | 1.0000 | 0.9562 | 1.0000 | 1.0000 | 1.0000 | 0.9749 |
| 天津 | 0.7562 | 0.8270 | 0.7365 | 0.8653 | 0.7717 | 0.6586 | 0.6079 | 0.5349 | 0.7198 |
| 河北 | 0.2255 | 0.3078 | 0.2245 | 0.4122 | 0.3342 | 0.3045 | 0.4259 | 0.3587 | 0.3242 |
| 山西 | 0.4538 | 0.4789 | 0.3912 | 0.5504 | 0.3548 | 0.2576 | 0.3424 | 0.2443 | 0.3842 |
| 内蒙古 | 0.2815 | 0.4949 | 0.2920 | 0.2916 | 0.2217 | 0.2050 | 0.2053 | 0.1712 | 0.2704 |
| 辽宁 | 0.4907 | 0.3874 | 0.4342 | 0.5158 | 0.5492 | 0.6289 | 0.5880 | 0.5982 | 0.5240 |
| 吉林 | 0.8342 | 0.7003 | 0.8048 | 0.9236 | 0.9453 | 0.9175 | 0.9337 | 0.9616 | 0.8776 |
| 黑龙江 | 0.5945 | 0.5934 | 0.6141 | 0.7952 | 0.8326 | 0.9288 | 1.0000 | 0.8740 | 0.7791 |
| 上海 | 0.9261 | 0.8727 | 0.8715 | 1.0000 | 1.0000 | 0.9158 | 0.9907 | 0.9460 | 0.9403 |
| 江苏 | 0.4686 | 0.5046 | 0.4871 | 0.5642 | 0.6701 | 0.8056 | 0.8355 | 1.0000 | 0.6670 |
| 浙江 | 0.5966 | 0.6340 | 0.8508 | 0.9034 | 0.8995 | 0.8362 | 0.5928 | 0.7978 | 0.7639 |
| 安徽 | 0.7369 | 0.5672 | 0.7279 | 0.8907 | 0.8781 | 0.8201 | 0.7521 | 0.5609 | 0.7418 |
| 福建 | 0.4561 | 0.6196 | 0.5106 | 0.5387 | 0.4001 | 0.3979 | 0.3795 | 0.3392 | 0.4552 |
| 江西 | 0.2063 | 0.1741 | 0.1708 | 0.2543 | 0.2584 | 0.2531 | 0.2965 | 0.3251 | 0.2423 |
| 山东 | 0.3978 | 0.5136 | 0.5163 | 0.6237 | 0.5536 | 0.6587 | 0.6790 | 0.6734 | 0.5770 |
| 河南 | 0.1564 | 0.1829 | 0.2337 | 0.2811 | 0.2654 | 0.2719 | 0.3237 | 0.3065 | 0.2527 |
| 湖北 | 0.5985 | 0.5981 | 0.6342 | 1.0000 | 0.8743 | 0.9293 | 1.0000 | 0.8775 | 0.8140 |

续表

| 区域 | 2001 年 | 2002 年 | 2003 年 | 2004 年 | 2005 年 | 2006 年 | 2007 年 | 2008 年 | 均值 |
|---|---|---|---|---|---|---|---|---|---|
| 湖南 | 0.5053 | 0.5856 | 0.6922 | 0.7887 | 0.9403 | 0.9909 | 0.9275 | 0.7822 | 0.7766 |
| 广东 | 0.4071 | 0.7722 | 0.8464 | 0.9077 | 1.0000 | 0.8551 | 0.6279 | 0.7117 | 0.7660 |
| 广西 | 0.2639 | 0.2839 | 0.2986 | 0.3556 | 0.4147 | 0.3768 | 0.5039 | 0.4479 | 0.3682 |
| 海南 | 1.0000 | 1.0000 | 0.9483 | 0.7649 | 1.0000 | 1.0000 | 1.0000 | 0.9497 | 0.9579 |
| 重庆 | 0.5309 | 0.5366 | 0.5202 | 0.7226 | 0.6669 | 0.5254 | 0.5401 | 0.5878 | 0.5788 |
| 四川 | 0.2772 | 0.2914 | 0.3875 | 0.4662 | 0.4769 | 0.5404 | 0.5417 | 0.5071 | 0.4361 |
| 贵州 | 0.2735 | 0.2772 | 0.2469 | 0.2929 | 0.2562 | 0.2720 | 0.3227 | 0.2973 | 0.2798 |
| 云南 | 0.5150 | 0.4028 | 0.3479 | 0.3917 | 0.3710 | 0.4046 | 0.4305 | 0.4701 | 0.4167 |
| 陕西 | 0.4686 | 0.4222 | 0.4722 | 0.7351 | 0.7666 | 0.8104 | 0.9168 | 0.9140 | 0.6882 |
| 甘肃 | 1.0000 | 0.7713 | 0.7742 | 1.0000 | 0.7919 | 0.8522 | 1.0000 | 0.9022 | 0.8865 |
| 青海 | 0.6129 | 0.4813 | 0.4924 | 0.4996 | 0.5443 | 0.5332 | 0.4937 | 0.5476 | 0.5256 |
| 宁夏 | 0.4399 | 0.4188 | 0.4018 | 0.3861 | 0.4087 | 0.3336 | 0.2429 | 0.2698 | 0.3627 |
| 新疆 | 0.3766 | 0.4343 | 0.4110 | 0.3952 | 0.3586 | 0.3690 | 0.4194 | 0.3712 | 0.3919 |
| 均值 | 0.5284 | 0.5352 | 0.5421 | 0.6372 | 0.6254 | 0.6218 | 0.6307 | 0.6109 | 0.5914 |
| 标准差 | 0.2388 | 0.2090 | 0.2255 | 0.2489 | 0.2638 | 0.2687 | 0.2641 | 0.2601 | 0.2296 |
| 标准差系数 | 0.4520 | 0.3906 | 0.4160 | 0.3906 | 0.4218 | 0.4322 | 0.4187 | 0.4258 | 0.3881 |

注：标准差系数 = 标准差/均值。

**表 5－5　2001～2008 年中国区域 R&D 活动的经济转化子过程效率**

| 区域 | 2001 年 | 2002 年 | 2003 年 | 2004 年 | 2005 年 | 2006 年 | 2007 年 | 2008 年 | 均值 |
|---|---|---|---|---|---|---|---|---|---|
| 北京 | 1.0000 | 1.0000 | 0.4488 | 1.0000 | 0.8744 | 1.0000 | 1.0000 | 0.8389 | 0.8953 |
| 天津 | 0.8464 | 0.8796 | 1.0000 | 1.0000 | 0.5043 | 0.5078 | 0.3102 | 0.4533 | 0.6877 |
| 河北 | 0.0930 | 0.1819 | 0.1611 | 0.2963 | 0.2526 | 0.1270 | 0.0961 | 0.1171 | 0.1657 |
| 山西 | 0.0538 | 0.1547 | 0.1871 | 0.2252 | 0.2322 | 0.1585 | 0.1027 | 0.0990 | 0.1517 |
| 内蒙古 | 0.0799 | 0.3296 | 0.3338 | 0.4927 | 0.2326 | 0.2863 | 0.2427 | 0.1531 | 0.2688 |
| 辽宁 | 0.2466 | 0.3378 | 0.2256 | 0.3875 | 0.2241 | 0.1890 | 0.1770 | 0.1720 | 0.2450 |
| 吉林 | 0.0310 | 0.0587 | 0.7628 | 0.8285 | 0.7914 | 0.6972 | 1.0000 | 0.7256 | 0.6119 |
| 黑龙江 | 0.0463 | 0.0912 | 0.1932 | 0.1499 | 0.2728 | 0.2021 | 0.2838 | 0.2580 | 0.1872 |
| 上海 | 0.6409 | 0.8618 | 0.7648 | 1.0000 | 0.9044 | 0.5765 | 0.5515 | 0.5287 | 0.7286 |
| 江苏 | 0.2872 | 0.3829 | 0.4397 | 0.4746 | 0.8089 | 0.5645 | 0.7415 | 1.0000 | 0.5874 |
| 浙江 | 0.3050 | 0.2655 | 0.7107 | 0.7533 | 0.7705 | 0.8361 | 0.5890 | 0.9739 | 0.6505 |
| 安徽 | 0.0446 | 0.0854 | 0.1789 | 0.1232 | 0.1960 | 0.1196 | 0.1947 | 0.2940 | 0.1546 |

续表

| 区域 | 2001 年 | 2002 年 | 2003 年 | 2004 年 | 2005 年 | 2006 年 | 2007 年 | 2008 年 | 均值 |
|---|---|---|---|---|---|---|---|---|---|
| 福建 | 0.7689 | 0.5910 | 0.8543 | 0.8589 | 0.6117 | 0.5289 | 0.4131 | 0.4156 | 0.6303 |
| 江西 | 0.1648 | 0.1307 | 0.1783 | 0.2159 | 0.2217 | 0.2180 | 0.0867 | 0.2485 | 0.1831 |
| 山东 | 0.2388 | 0.6403 | 0.7637 | 0.6938 | 0.8315 | 0.6948 | 0.7366 | 0.6739 | 0.6592 |
| 河南 | 0.1603 | 0.2791 | 0.2508 | 0.4384 | 0.2837 | 0.2390 | 0.2109 | 0.2262 | 0.2611 |
| 湖北 | 0.1716 | 0.1753 | 0.1786 | 0.2056 | 0.6204 | 0.4018 | 0.2740 | 0.3815 | 0.3011 |
| 湖南 | 0.0713 | 0.2375 | 0.2554 | 0.3518 | 0.4601 | 0.4086 | 0.3832 | 0.4314 | 0.3249 |
| 广东 | 0.7875 | 0.9738 | 1.0000 | 0.9525 | 1.0000 | 0.8852 | 0.8218 | 1.0000 | 0.9276 |
| 广西 | 0.1734 | 0.4071 | 0.3139 | 0.2448 | 0.6641 | 0.7118 | 0.9445 | 1.0000 | 0.5574 |
| 海南 | 1.0000 | 1.0000 | 0.9290 | 0.9967 | 1.0000 | 1.0000 | 0.0984 | 1.0000 | 0.8780 |
| 重庆 | 0.5193 | 0.5008 | 0.1875 | 0.6616 | 0.6169 | 0.6250 | 0.3793 | 0.5941 | 0.5105 |
| 四川 | 0.1254 | 0.1679 | 0.1854 | 0.2081 | 0.3508 | 0.2319 | 0.3008 | 0.2577 | 0.2285 |
| 贵州 | 0.0430 | 0.0388 | 0.2170 | 0.2776 | 0.4099 | 0.2563 | 0.1786 | 0.3674 | 0.2236 |
| 云南 | 0.0213 | 0.0230 | 0.0762 | 0.2601 | 0.2091 | 0.1410 | 0.1041 | 0.1297 | 0.1206 |
| 陕西 | 0.1140 | 0.1026 | 0.1138 | 0.2890 | 0.3343 | 0.2969 | 0.2919 | 0.3565 | 0.2374 |
| 甘肃 | 0.0345 | 0.0590 | 0.0943 | 0.1593 | 0.1706 | 0.1153 | 0.0789 | 0.0942 | 0.1008 |
| 青海 | 0.0873 | 0.5367 | 0.4109 | 0.4677 | 0.5215 | 0.2315 | 0.3325 | 0.2000 | 0.3485 |
| 宁夏 | 0.0654 | 0.1184 | 0.0943 | 0.3443 | 0.1587 | 0.1203 | 0.0344 | 0.0661 | 0.1252 |
| 新疆 | 0.0191 | 0.0205 | 0.1549 | 0.2575 | 0.1116 | 0.0914 | 0.1511 | 0.4759 | 0.1602 |
| 均值 | 0.2747 | 0.3544 | 0.3888 | 0.4872 | 0.4880 | 0.4154 | 0.3703 | 0.4511 | 0.4037 |
| 标准差 | 0.3068 | 0.3118 | 0.2964 | 0.2973 | 0.2769 | 0.2784 | 0.2874 | 0.3076 | 0.2568 |
| 标准差系数 | 1.1168 | 0.8800 | 0.7624 | 0.6102 | 0.5673 | 0.6701 | 0.7762 | 0.6819 | 0.6360 |

注：标准差系数 = 标准差/均值。

对于阶段 1 而言，即 R&D 活动的科技研发子过程，2001 ~ 2008 年科技研发子过程的效率均值为 0.5914，意味着即使 R&D 资源投入削减 40.86%，仍能保持既定的期望科技产出水平。相对于 R&D 活动整体效率和经济转化子过程效率而言，科技研发子过程效率最高，表明科技研发子过程并不是导致中国 R&D 活动效率偏低的主要因素。其中，北京（0.9749）、海南（0.9579）、上海（0.9403）、甘肃（0.8865）、吉林（0.8776）、湖北（0.8140）6 个省市的科技研发子过程效率相对较高，其效率均值均超过 0.81。虽然这 6 个省市所处的经济环境有所不同，但对 R&D 资源都表现出较高的利用率。江西（0.2423）、河南（0.2527）、内蒙古（0.2704）、贵州（0.2798）、河北（0.3242）、宁夏（0.3627）、广西（0.3682）、山西（0.3842）8 个省区则相对较低，其效率均值

都不足 0.39，表明这些省区在 R&D 资源投入转化为科技成果产出环节上存在很大的资源浪费。

从科技研发子过程效率的变化趋势来看，其在报告期内也呈现出一定波动后的上升趋势，共上升约 8 个百分点。2001～2004 年科技研发子过程效率表现出稳定的上升趋势，由 2001 年的 0.5284 上升到 2004 年的 0.6372，但从 2005 年开始，又呈现出一定的小幅下降趋势，一直下降到 2006 年的 0.6218，之后又由 2007 年的 0.6307 下降到 2008 年的 0.6109。具体到各省区而言，科技研发子过程效率的演化趋势也较为多变。例如，北京、上海、海南等省市基本维持原有的高效率水平；江苏、陕西、黑龙江、湖北、湖南、山东、四川、浙江、广西等省区表现为明显的上升趋势；内蒙古、山西、福建、宁夏、辽宁、天津等省市区则呈现出一定的下降趋势。

对于阶段 2 而言，即 R&D 活动的经济转化子过程，2001～2008 年经济转化子过程的效率均值为 0.4037，其值明显低于 R&D 活动整体效率和科技研发子过程效率，表明中国区域的专利技术成果未能有效地转化为经济效益，这才是 R&D 活动效率偏低的主要原因。平均而言，低于效率均值的省区有 18 个，占地区总数的 60%，且经济转化子过程效率的标准差系数为 0.6360，其值也显著高于整体效率和科技研发子过程效率的标准差系数，说明经济转化子过程存在非常严重的区域差异。具体来说，效率较高的省市有广东（0.9276）、北京（0.8953）、海南（0.8780）、上海（0.7286），其效率均值都超过 0.72。效率较低的省区有甘肃（0.1008）、云南（0.1206）、宁夏（0.1252）、山西（0.1517）、安徽（0.1546）、新疆（0.1602）、河北（0.1657）、江西（0.1831）、黑龙江（0.1872），其效率均值均不足 0.19，表明这些省区的专利技术成果未能有效地为当地经济做出应有的贡献。

从经济转化子过程效率的变化趋势来看，其在报告期内与 R&D 活动整体效率、科技研发子过程效率表现出高度的相似性，同样表现出一定波动后的上升趋势。经济转化子过程效率由 2001 年的 0.2747 上升到 2005 年的 0.4880，而从 2006 年开始，又呈现出大幅的下降趋势，由 2006 年的 0.4154 下降到 2007 年的 0.3703，但 2008 年又有所反弹，上升到 0.4511。具体到各省区而言，经济转化子过程效率的演化趋势也较为多变。例如，相对于宁夏、河北、山西、甘肃等省区基本维持原有的低效率水平，广州、北京、上海等省市则基本维持原有的高效率水平；广西、江苏、吉林、浙江、新疆、山东、湖南、陕西等省区表现为明显的上升趋势；天津、福建、辽宁等省市则呈现出一定的下降趋势。

### 五、两个子过程效率的对比分析

为了深入比较分析中国区域 R&D 活动的内部效率，本书根据科技研发子过程、经济转化子过程的具体特点，遵循效率最大化区分的原则，将报告期内两个子过程效率的均值分为高效率和低效率两个等级：对于科技研发子过程，效率均值属于［0.60，1］的为高效率地区，［0，0.60）的为低效率地区；对于经济转化子过程，效率均值属于［0.50，1］的为高效率地区，［0，0.50）的为低效率地区。按照这一标准划分，得到两个子过程效率的象限表和象限图，如表 5－6、图 5－3 所示。

**表 5－6　中国部分区域 R&D 活动两个子过程效率的象限表**

| 象限 | 象限类型 | 地区 |
|---|---|---|
| 第一象限 | 高科技研发效率、高经济转化效率 | 北京、海南、上海、广东、吉林、天津、浙江、江苏 |
| 第二象限 | 低科技研发效率、高经济转化效率 | 山东、福建、重庆、广西 |
| 第三象限 | 低科技研发效率、低经济转化效率 | 辽宁、四川、青海、新疆、云南、宁夏、河北、山西、内蒙古、江西、河南、贵州 |
| 第四象限 | 高科技研发效率、低经济转化效率 | 湖北、湖南、黑龙江、安徽、陕西、甘肃 |

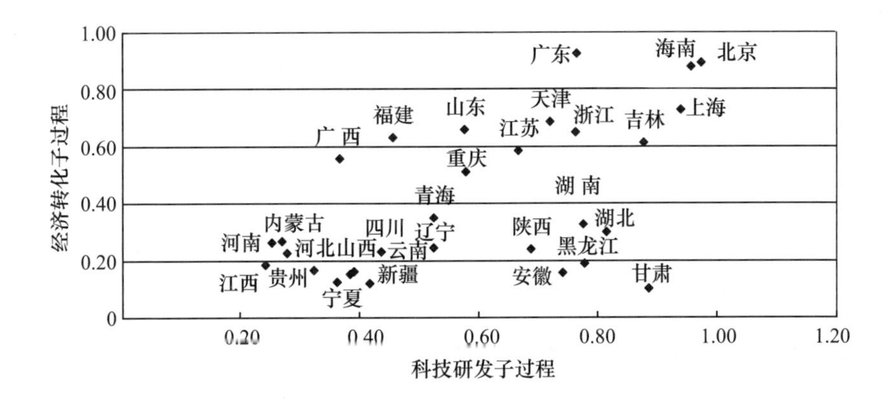


**图 5－3　中国部分区域 R&D 活动两个子过程效率的象限图**

第一象限为两个子过程都是高效率的地区，处于该象限的地区有北京、海南、上海、广东、吉林、天津、浙江、江苏。这类地区在 R&D 资源投入转化为科技成果环节和科技成果转化为经济效益产出环节都是高效率的。该类地区大都是中国改革开放的前沿，拥有雄厚的经济实力、高度发达的市场经济体制和政策优势，对 R&D 资金、人才等具有很强的吸引力。因此，这类地区的 R&D 活动非常活跃，R&D 资源能够有效地进行转化。海南、吉林 R&D 资源投入规模虽然相对较小，但其充分发挥与利用了自身优势，使得在 R&D 资源利用上也表现出一致的高效性。

第二象限为科技研发子过程是低效率，而经济转化子过程是高效率的地区，处于该象限的地区有山东、福建、重庆、广西。这类地区虽然在 R&D 资源投入转化为科技成果环节是低效率的，但在技术成果转化为经济效益产出环节却是高效率的。该类地区可能存在对外部科技成果的较强依赖性，从而在一定程度上忽略了 R&D 资源投入转化为科技成果的效率。因此，该类地区应在继续保持科技成果高效地转变为生产力的同时，加强 R&D 资源的投入力度，制定良好的激励及奖励政策，提高科研人员的积极性，提高 R&D 资源转化为科技成果的数量和质量。

第三象限为两个子过程都是低效率的地区，处于该象限的地区有辽宁、四川、青海、新疆、云南、宁夏、河北、山西、内蒙古、江西、河南、贵州。这类地区在 R&D 资源投入转化为科技成果以及技术成果再转化为经济效益环节都是低效率的。该类地区在科技研发子过程投入了大量的 R&D 资源，但不注重有效管理，同时在经济转化子过程盲目投资，导致了两个子过程效率的双重低效。因此，该类地区应该从 R&D 资源有效利用和科技成果高效转化等多个环节协调入手，才能从根本上解决双重低效的问题。

第四象限为科技研发子过程是高效率，而经济转化子过程是低效率的地区，处于该象限的地区有湖北、湖南、黑龙江、安徽、陕西、甘肃。这类地区在 R&D 资源投入转化为科技成果环节是相对高效的，但在技术成果转化为经济效益环节却是相对低效的。该类地区在 R&D 资源投入过程中未能结合自身的具体情况，单纯地追求 R&D 投入的直接产出，使得技术成果和经济活动联系不紧密，造成科研与生产相脱节，大量的科研成果在实际生活中不能有效地转化为生产力。因此，该类地区的 R&D 活动应立足于市场需求，在研发前要展开市场调查分析，向应用开发倾斜，以确保科技成果适应市场需求。

由于 R&D 活动是由科技研发子过程和经济转化子过程共同构成，因此，R&D 活动整体效率与两个子过程的效率之间应具有一定的关联性。本书基于 2001～2008 年中国区域 R&D 活动效率均值，对 R&D 活动的整体效率与两个子过程效率进行了相关性检验，检验结果如表 5－7 所示。

**表 5－7　区域 R&D 活动整体效率与两个子过程效率的相关性检验**

| 相关性检验 | | $E_0^*$ | $E_1^*$ | $E_2^*$ |
|---|---|---|---|---|
| $E_0^*$ | Spearman's rho | 1.000 | | |
| | Kendall's tau_b | 1.000 | | |
| $E_1^*$ | Spearman's rho | 0.871*** (0.000) | 1.000 | |
| | Kendall's tau_b | 0.715*** (0.000) | 1.000 | |

续表

| 相关性检验 | | $E_0^*$ | $E_1^*$ | $E_2^*$ |
|---|---|---|---|---|
| $E_2^*$ | Spearman's rho | 0.817*** (0.000) | 0.483*** (0.007) | 1.000 |
| | Kendall's tau_ b | 0.632*** (0.000) | 0.347*** (0.007) | 1.000 |

注：$E_0^*$ 表示整体效率；$E_1^*$ 表示科技研发子过程效率；$E_2^*$ 表示经济转化子过程效率；*** 表示在 1% 的水平下显著；括号内的数据表示相应的概率。

由表 5-7 可知，R&D 活动的整体效率与科技研发子过程效率、经济转化子过程效率在 1% 的显著性水平下都存在高度的相关性，即整体效率由两个子过程（科技研发子过程和经济转化子过程）的效率共同决定。其中，整体效率与科技研发子过程效率之间的 Spearman's rho、Kendall's tau_ b 相关系数分别高达 0.871、0.715，显著高于其与经济转化子过程效率之间的相关系数，这些表明科技研发子过程效率与 R&D 活动整体效率的排名具有高度的一致性，其是决定 R&D 活动效率高低排名的最关键因素，而不是经济转化子过程。科技研发子过程效率与经济转化子过程效率的 Spearman's rho、Kendall's tau_ b 相关系数分别为 0.483、0.347，虽然两个子过程效率之间也存在显著的相关性，但其相关系数都相对较低，且均不超过 0.49，这显示出中国区域 R&D 活动的两个子过程之间存在一定程度的不协调性，即中国区域 R&D 活动创新体系还不是很完善，尚未真正形成以市场为导向、产学研紧密结合的创新模式，上游的科技研发和下游的经济转化之间仍然存在非常突出的脱节问题，这与 Chen 和 Guan（2010，2012）、庞瑞芝（2010）及尹伟华（2012）的结论是基本一致的。

## 六、三大地区差异分析

同样，基于 2001~2008 年中国区域 R&D 活动效率均值，对东部、中部、西部三大地区的 R&D 活动整体效率与两个子过程效率进行差异分析，结果如表 5-8 所示。

**表 5-8 东部、中部、西部三大地区 R&D 活动效率**

| 地区 | 指标 | $E_0^*$ | $E_1^*$ | $E_2^*$ |
|---|---|---|---|---|
| 东部地区 | 均值 | 0.6693 | 0.6973 | 0.6414 |
| | 标准差 | 0.2079 | 0.2038 | 0.2334 |
| | 标准差系数 | 0.3106 | 0.2923 | 0.3638 |
| 中部地区 | 均值 | 0.4402 | 0.6085 | 0.2719 |
| | 标准差 | 0.1716 | 0.2502 | 0.1426 |
| | 标准差系数 | 0.3899 | 0.4111 | 0.5244 |

续表

| 地区 | 指标 | $E_0^*$ | $E_1^*$ | $E_2^*$ |
|---|---|---|---|---|
| 西部地区 | 均值 | 0.3676 | 0.4732 | 0.2620 |
| | 标准差 | 0.1078 | 0.1768 | 0.1461 |
| | 标准差系数 | 0.2934 | 0.3737 | 0.5578 |

注：同表5－7。

表5－8显示出中国东部、中部、西部三大地区R&D活动效率的差异是相当大的。从整体效率来看，东部、中部、西部三大地区的R&D活动效率水平呈现出明显的阶梯递减分布特征。东部地区的效率均值显著高于全国及中部、西部地区，其效率均值为0.6693，而中部、西部地区的效率均值却低于全国水平，其效率均值分别为0.4402、0.3676。东部、中部、西部三大地区的内部差异呈现出明显的倒U形分布特征。东部、中部、西部三大地区R&D活动效率的标准差系数分别为0.3106、0.3899、0.2934，表明中部地区的内部差异最大，而东部、西部地区的内部差异相对较小。同时，相对于全国而言，东部、中部、西部三大地区R&D活动效率的标准差系数均小于全国水平，表明中国R&D活动效率的地区差异并不是由三大地区的内部差异所致，而是由三大地区之间的差异导致的。

三大地区的科技研发子过程效率与整体效率非常相似。东部、中部、西部三大地区的科技研发子过程效率均值显著高于R&D活动整体效率、经济转化子过程效率，其效率均值依次递减，分别为0.6973、0.6085、0.4732。其中，中部地区与东部地区较为接近，且显著高于西部地区，表明中部地区的科技研发能力也具有一定的优势。东部、中部、西部三大地区科技研发子过程效率的标准差系数也表现出倒U形特征，标准差系数分别为0.2923、0.4111、0.3737，表明中部地区的内部差异最大，东部地区的内部差异最小。

相对于R&D活动整体效率、科技研发子过程效率而言，三大地区的经济转化子过程效率表现出一致的低效性。东部、中部、西部三大地区的经济转化子过程效率均值依次为0.6414、0.2719、0.2620，表明东部地区的效率最高，西部地区的效率最低。相对于中部、西部地区的过度低效，东部地区经济转化子过程的高效率，也充分显示出中国实施的“非均衡发展”的改革开放政策。东部、中部、西部三大地区经济转化子过程效率的标准差系数都相对较高，其数值分别为0.3638、0.5244、0.5578，且显著高于R&D活动整体效率和科技研发子过程效率的标准差系数，这些表明三大地区经济转化子过程的内部差异都是比较大的。

# 第三节 行业 R&D 活动的效率分析

## 一、样本和数据说明

根据 R&D 活动的两阶段过程及效率评价指标体系，各行业在科技研发子过程中的投入主要包括 R&D 经费内部支出（万元）、R&D 人员全时当量（人年）；由于工业行业主要是以创造效益为目的，强调研发产出的市场价值，很少直接进行转化周期较长的科学研究，且现行的统计年鉴也缺乏相应的行业科技论文数据，因而相应的研发产出主要包括技术成果产出的专利申请数（件）。在经济转化子过程中的投入除了科技研发子过程中继续进行商业化的技术成果产出外，还应该包括技术改造经费支出（万元）、技术获取经费支出（万元）（包括技术购买、引进经费支出和技术消化吸收经费支出）；最终的经济效益产出主要包括新产品产值（万元）和新产品销售收入（万元）。

由于缺少中国分行业全部工业企业的 R&D 活动统计数据，且大中型工业企业在中国全部工业企业中，无论是利润总额、工业总产值还是从业人员，都占绝对多数，因此，本节以分行业大中型工业企业的数据为样本，具有广泛的代表性。目前，按照《中国统计年鉴》对工业部门的划分标准，工业部门被细分为 39 个行业，但 2002 年以前的工业行业分类中没有“废弃资源和废旧材料回收加工业”、“其他采矿业”、“工艺品及其他制造业”等，同时，2002 年前后部分工业行业的名称也发生了变化，如“电力蒸汽热水的生产和供应业”更变为“电力、热力的生产和供应业”，“电子及通信设备制造业”更变为“通信设备、计算机及其他电子设备制造业”，“普通机械制造业”更变为“通用设备制造业”，“石油加工及炼焦业”更变为“石油加工、炼焦及核燃料加工业”，“服装及其他纤维制品制造业”更变为“纺织服装、鞋、帽制造业”，“食品加工业”更变为“农副食品加工业”等。为了保证统计口径的一致性和数据的可获得性，本节剔除了数据严重缺失的“废弃资源和废旧材料回收加工业”、“其他采矿业”，研究样本为 2003 ~ 2010 年中国 37 个工业行业。同样，为了尽可能地增加样本容量，确定 R&D 资源投入到技术成果产出的滞后期为 1 年，技术成果产出到经济效益产出的滞后期为 1 年，即分行业大中型工业企业的 R&D 资源投入数据选取 2003 ~ 2008 年，技术成果产出数据选取 2004 ~ 2009 年，经济效益产出数据选取 2005 ~ 2010 年。数据主要来源于《中国科技统计年鉴》（2004 ~ 2011）。

另外，为了更加全面和深入地了解中国工业 R&D 活动效率的行业差异，本书根据刘贵鹏等（2012）、王然等（2010）对中国工业行业的分类方法，将工业行业分为资源型行业、原材料行业、一般制造行业和高技术行业四大类。具体来说，资源型行业主要包括：煤炭开采和洗选业，石油和天然气开采业，黑色金属矿采选业，有色金属矿采选业，非金属矿采选业，电力、热力的生产和供应业，燃气生产和供应业，水的生产和供应业；原材料行业主要包括：石油加工、炼焦及核燃料加工业，化学原料及化学制品制造业，化学纤维制造业，橡胶制品业，塑料制品业，非金属矿物制品业，黑色金属冶炼及压延加工业，有色金属冶炼及压延加工业，金属制品业；一般制造行业主要包括：农副食品加工业，食品制造业，饮料制造业，烟草制品业，纺织业，纺织服装、鞋、帽制造业，皮革、毛皮、羽毛（绒）及其制品业，木材加工及木、竹、藤、棕、草制品业，家具制造业，造纸及纸制品业，印刷业和记录媒介的复制，文教体育用品制造业，医药制造业，通用设备制造业，工艺品及其他制造业；高技术行业主要包括：专用设备制造业，交通运输设备制造业，电气机械及器材制造业，通信设备、计算机及其他电子设备制造业，仪器仪表及文化、办公用机械制造业。

## 二、模型假设条件选择

同样，基于不同的假设条件（CRS 或 VRS），运用网络 SBM 视窗分析模型测算的中国行业 R&D 活动效率也是不尽相同的。因此，在进行效率评价与分析之前，借助 Banker 等（1993，1996，2011）开发的统计检验方法对各视窗内网络 SBM 模型的假设条件进行选择。检验结果如表 5－9 所示。

**表 5－9　基于行业 R&D 活动整体的网络 SBM 模型假设条件检验**

| 视窗 | ln（E*）~指数分布 | ln（E*）~半正态分布 | Kolmogorov－Smirnov 非参数检验 |
|---|---|---|---|
| | F（222，222） | F（111，111） | |
| 2003－2004－2005 | 1.7384*** | 3.5471*** | 2.7520*** |
| 2004－2005－2006 | 1.6448*** | 2.9380*** | 2.9530*** |
| 2005－2006－2007 | 1.4607*** | 2.2378*** | 2.0810*** |
| 2006－2007－2008 | 1.4230*** | 1.9127*** | 2.0810*** |

注：***、**、* 分别表示在 1%、5%、10% 的水平下显著。

由表 5－9 可知，在 1% 的显著性水平下，参数假设检验和非参数假设检验均拒绝原假设，即各视窗内的网络 SBM 模型在不同假设条件下所测算的中国行业 R&D 活动效率之间存在显著差异，也就是说，基于 VRS 假设条件的网络 SBM 效率评价模型更符合中国行业 R&D 活动的实际现状。

如表 5－10 所示，基于 R&D 活动子过程的假设条件（CRS 或 VRS）检验表明，在 5% 的显著性水平下，不同假设条件下网络 SBM 模型测算的效率得分均存在显著差异，即无论是科技研发子过程还是经济转化子过程，VRS 假设条件更符合行业的实际情况。因此，本节后续关于中国行业 R&D 活动效率的评价和分析均基于 VRS 假设条件。

**表 5－10　基于行业 R&D 活动子过程的网络 SBM 模型假设条件检验**

| 子过程 | 视窗 | ln（E*）～指数分布 | ln（E*）～半正态分布 | Kolmogorov－Smirnov |
|---|---|---|---|---|
| | | F（222，222） | F（111，111） | 非参数检验 |
| 科技研发子过程 | 2003－2004－2005 | 1.4668*** | 2.4374*** | 2.013*** |
| | 2004－2005－2006 | 1.3475** | 1.9115*** | 2.282*** |
| | 2005－2006－2007 | 1.4128*** | 1.9216*** | 2.416*** |
| | 2006－2007－2008 | 1.3202** | 1.6459*** | 1.678*** |
| 经济转化子过程 | 2003－2004－2005 | 1.9795*** | 4.3747*** | 2.618*** |
| | 2004－2005－2006 | 1.9188*** | 3.6864*** | 3.087*** |
| | 2005－2006－2007 | 1.5305*** | 2.5064*** | 1.544** |
| | 2006－2007－2008 | 1.4956*** | 2.0153*** | 2.013*** |

注：***、**、* 分别表示在 1%、5%、10% 的水平下显著。

## 三、R&D 活动整体效率分析

基于 VRS 假设条件的网络 SBM 视窗分析模型，可测算出 2003～2008 年中国工业行业的 R&D 活动效率，如表 5－11 所示。

**表 5－11　2003～2008 年中国工业行业 R&D 活动效率**

| 分行业名称 | 2003 年 | 2004 年 | 2005 年 | 2006 年 | 2007 年 | 2008 年 | 均值 |
|---|---|---|---|---|---|---|---|
| 煤炭开采和洗选业 | 0.0502 | 0.0669 | 0.0655 | 0.0930 | 0.0659 | 0.0363 | 0.0630 |
| 石油和天然气开采业 | 0.0605 | 0.0504 | 0.0488 | 0.2434 | 0.0566 | 0.2657 | 0.1209 |
| 黑色金属矿采选业 | 0.4198 | 0.6869 | 0.4204 | 0.4228 | 0.2224 | 0.2409 | 0.4022 |
| 有色金属矿采选业 | 0.1541 | 0.1634 | 0.1878 | 0.1755 | 0.2382 | 0.1789 | 0.1830 |
| 非金属矿采选业 | 0.2837 | 0.2953 | 0.2666 | 0.2022 | 0.2228 | 0.1556 | 0.2377 |
| 农副食品加工业 | 0.1331 | 0.1460 | 0.3107 | 0.2788 | 0.3721 | 0.3851 | 0.2710 |
| 食品制造业 | 0.1139 | 0.2894 | 0.3250 | 0.2256 | 0.2313 | 0.2950 | 0.2467 |

续表

| 分行业名称 | 2003 年 | 2004 年 | 2005 年 | 2006 年 | 2007 年 | 2008 年 | 均值 |
|---|---|---|---|---|---|---|---|
| 饮料制造业 | 0.1059 | 0.1515 | 0.2511 | 0.1747 | 0.1850 | 0.1915 | 0.1766 |
| 烟草制品业 | 0.1779 | 0.1978 | 0.2545 | 0.1747 | 0.3780 | 0.3598 | 0.2571 |
| 纺织业 | 0.1580 | 0.2945 | 0.2372 | 0.2567 | 0.4475 | 0.6863 | 0.3467 |
| 纺织服装、鞋、帽制造业 | 0.1973 | 0.3110 | 0.5507 | 0.3925 | 0.5417 | 0.6633 | 0.4427 |
| 皮革、毛皮、羽毛（绒）及其制品业 | 0.5748 | 0.4592 | 0.5844 | 0.4078 | 0.5491 | 0.6668 | 0.5403 |
| 木材加工及木、竹、藤、棕、草制品业 | 0.2899 | 0.2028 | 0.3711 | 0.3074 | 0.3035 | 0.2776 | 0.2920 |
| 家具制造业 | 1.0000 | 0.6337 | 0.6850 | 1.0000 | 1.0000 | 0.8832 | 0.8670 |
| 造纸及纸制品业 | 0.1008 | 0.2264 | 0.2066 | 0.1473 | 0.1646 | 0.1538 | 0.1666 |
| 印刷业和记录媒介的复制 | 0.1454 | 0.1641 | 0.1945 | 0.1957 | 0.1975 | 0.1935 | 0.1818 |
| 文教体育用品制造业 | 1.0000 | 0.7206 | 0.4344 | 0.6037 | 0.9608 | 0.3824 | 0.6836 |
| 石油加工、炼焦及核燃料加工业 | 0.1225 | 0.1820 | 0.2740 | 0.2708 | 0.1819 | 0.1643 | 0.1992 |
| 化学原料及化学制品制造业 | 0.0988 | 0.1296 | 0.1933 | 0.1702 | 0.1854 | 0.2338 | 0.1685 |
| 医药制造业 | 0.1365 | 0.1706 | 0.2224 | 0.2470 | 0.2986 | 0.3781 | 0.2422 |
| 化学纤维制造业 | 0.2784 | 0.3962 | 0.3767 | 0.3404 | 0.3168 | 0.3211 | 0.3383 |
| 橡胶制品业 | 0.2775 | 0.2691 | 0.3071 | 0.2274 | 0.4134 | 0.3221 | 0.3028 |
| 塑料制品业 | 0.2028 | 0.2049 | 0.2048 | 0.3147 | 0.5313 | 0.2637 | 0.2870 |
| 非金属矿物制品业 | 0.1051 | 0.1870 | 0.1992 | 0.1963 | 0.2441 | 0.2390 | 0.1951 |
| 黑色金属冶炼及压延加工业 | 0.1927 | 0.2082 | 0.2529 | 0.2929 | 0.1816 | 0.2222 | 0.2251 |
| 有色金属冶炼及压延加工业 | 0.1155 | 0.2393 | 0.2100 | 0.2067 | 0.1107 | 0.2125 | 0.1825 |
| 金属制品业 | 0.1744 | 0.1996 | 0.3209 | 0.2763 | 0.1990 | 0.3126 | 0.2472 |
| 通用设备制造业 | 0.3207 | 0.3619 | 0.4021 | 0.3708 | 0.4123 | 0.4871 | 0.3925 |
| 专用设备制造业 | 0.2868 | 0.3122 | 0.3544 | 0.5773 | 0.5801 | 0.5790 | 0.4483 |
| 交通运输设备制造业 | 0.4765 | 0.6509 | 0.7137 | 0.7676 | 0.7316 | 0.8063 | 0.6911 |
| 电气机械及器材制造业 | 0.5303 | 0.5718 | 0.8897 | 0.8470 | 0.9171 | 1.0000 | 0.7927 |
| 通信设备、计算机及其他电子设备制造业 | 0.6824 | 0.8118 | 0.9389 | 1.0000 | 0.8562 | 1.0000 | 0.8816 |
| 仪器仪表及文化、办公用机械制造业 | 0.2868 | 0.2891 | 0.3421 | 0.2736 | 0.2727 | 0.3245 | 0.2981 |
| 工艺品及其他制造业 | 0.1750 | 0.1956 | 0.3767 | 0.2739 | 0.3694 | 0.4450 | 0.3059 |
| 电力、热力的生产和供应业 | 0.0158 | 0.0180 | 0.0239 | 0.0139 | 0.0157 | 0.0282 | 0.0192 |
| 燃气生产和供应业 | 0.5744 | 0.6229 | 0.8188 | 1.0000 | 0.9576 | 0.3459 | 0.7199 |
| 水的生产和供应业 | 0.4589 | 0.2440 | 0.3280 | 0.2003 | 0.1913 | 0.7117 | 0.3557 |
| 均值 | 0.2832 | 0.3061 | 0.3552 | 0.3559 | 0.3812 | 0.3895 | 0.3452 |
| 标准差 | 0.2352 | 0.1988 | 0.2160 | 0.2529 | 0.2685 | 0.2491 | 0.2163 |
| 标准差系数 | 0.8306 | 0.6494 | 0.6079 | 0.7107 | 0.7044 | 0.6396 | 0.6266 |

注：标准差系数 = 标准差/均值。

总体来看，2003～2008 年中国工业行业 R&D 活动效率的均值只有 0.3452，而标准差系数却高达 0.6266，且最大效率值为 0.8816，最小效率值为 0.0192，这些表明中国工业行业的 R&D 活动效率不仅存在很大的提升空间，而且也存在明显的行业差异，这与郑兵云和陈圻（2010）、Zhong 等（2011）的结论基本一致。具体来看，报告期内，中国工业行业 R&D 活动效率较高的行业有通信设备、计算机及其他电子设备制造业（0.8816），家具制造业（0.8670），电气机械及器材制造业（0.7927），燃气生产和供应业（0.7199）等，其效率均值都超过 0.71，表明这些行业的 R&D 资源利用较为接近前沿面，其效率改进空间不大。效率较低的行业有石油和天然气开采业（0.1209），煤炭开采和洗选业（0.0630），电力、热力的生产和供应业（0.0192），其效率均值都不超过 0.13，表明相对于效率较高的行业而言，这些行业的 R&D 资源投入存在严重的资源浪费。

从变化趋势来看，报告期内中国工业行业的 R&D 活动效率表现出稳定的上升趋势，其效率均值由 2003 年的 0.2832 上升到 2008 年的 0.3895，共上升了约 11 个百分点。具体到各行业而言，R&D 活动效率的演化趋势较为多变。例如，相对于电力、热力的生产和供应业，煤炭开采和洗选业等行业基本维持原有的低效率水平，通信设备、计算机及其他电子设备制造业，电气机械及器材制造业等行业基本维持原有的高效率水平；纺织业，纺织服装、鞋、帽制造业，交通运输设备制造业，专用设备制造业，工艺品及其他制造业，农副食品加工业，医药制造业，烟草制品业，通用设备制造业，化学原料及化学制品制造业，非金属矿物制品业等行业表现为明显的上升趋势；非金属矿采选业、家具制造业、黑色金属矿采选业、文教体育用品制造业等行业则呈现出一定的下降趋势。

从差异性来看，考察期内中国工业行业 R&D 活动效率的差异呈现出一定波动的下降趋势。R&D 活动效率的标准差系数由 2003 年的 0.8306 下降到 2005 年的 0.6079，而后又有所上升，上升到 2006 年的 0.7107，最后 2007～2008 年又转为下降趋势，由 2007 年的 0.7044 下降到 2008 年的 0.6396，这些表明，考察期内中国工业行业的 R&D 活动效率差异有所缩小，同样存在所谓的“收敛”现象。具体到每个行业而言，不同时间的 R&D 活动效率差异变化也较大。例如，石油和天然气开采业，水的生产和供应业，纺织业，塑料制品业，黑色金属矿采选业，农副食品加工业，纺织服装、鞋、帽制造业，文教体育用品制造业等行业的时间变化较大；仪器仪表及文化、办公用机械制造业，印刷业和记录媒介的复制，化学纤维制造业，通信设备、计算机及其他电子设备制造业，通用设备制造业，有色金属矿采选业等行业的时间变化较小。

## 四、R&D 活动内部子过程效率分析

根据网络 SBM 视窗分析模型，我们还可以进一步对中国行业 R&D 活动的内部子过程（科技研发子过程和经济转化子过程）的效率进行分析。具体结果如表 5 – 12、表 5 – 13 所示。

**表 5 – 12 2003 ~ 2008 年中国工业行业 R&D 活动的科技研发子过程效率**

| 分行业名称 | 2003 年 | 2004 年 | 2005 年 | 2006 年 | 2007 年 | 2008 年 | 均值 |
| --- | --- | --- | --- | --- | --- | --- | --- |
| 煤炭开采和洗选业 | 0. 0301 | 0. 0305 | 0. 0305 | 0. 0612 | 0. 0478 | 0. 0200 | 0. 0367 |
| 石油和天然气开采业 | 0. 0198 | 0. 0146 | 0. 0134 | 0. 1001 | 0. 0113 | 0. 0509 | 0. 0350 |
| 黑色金属矿采选业 | 0. 4955 | 0. 3739 | 0. 2930 | 0. 3098 | 0. 2181 | 0. 0919 | 0. 2970 |
| 有色金属矿采选业 | 0. 0949 | 0. 1746 | 0. 1839 | 0. 1928 | 0. 1160 | 0. 0918 | 0. 1423 |
| 非金属矿采选业 | 0. 1945 | 0. 1901 | 0. 1520 | 0. 1461 | 0. 1100 | 0. 1003 | 0. 1488 |
| 农副食品加工业 | 0. 0619 | 0. 0777 | 0. 1382 | 0. 1955 | 0. 2084 | 0. 2867 | 0. 1614 |
| 食品制造业 | 0. 0828 | 0. 0967 | 0. 1515 | 0. 1372 | 0. 1221 | 0. 2036 | 0. 1323 |
| 饮料制造业 | 0. 0551 | 0. 0866 | 0. 1047 | 0. 1084 | 0. 1183 | 0. 1411 | 0. 1024 |
| 烟草制品业 | 0. 2026 | 0. 1525 | 0. 1904 | 0. 1784 | 0. 2609 | 0. 2528 | 0. 2063 |
| 纺织业 | 0. 0731 | 0. 1113 | 0. 1030 | 0. 1134 | 0. 1543 | 0. 5293 | 0. 1807 |
| 纺织服装、鞋、帽制造业 | 0. 1184 | 0. 1148 | 0. 1407 | 0. 1328 | 0. 2323 | 0. 3265 | 0. 1776 |
| 皮革、毛皮、羽毛（绒）及其制品业 | 0. 1496 | 0. 1721 | 0. 2130 | 0. 2779 | 0. 2802 | 0. 3336 | 0. 2377 |
| 木材加工及木、竹、藤、棕、草制品业 | 0. 3234 | 0. 2018 | 0. 1927 | 0. 2308 | 0. 1529 | 0. 2570 | 0. 2264 |
| 家具制造业 | 1. 0000 | 0. 2675 | 0. 3700 | 1. 0000 | 1. 0000 | 0. 7665 | 0. 7340 |
| 造纸及纸制品业 | 0. 0735 | 0. 1707 | 0. 1390 | 0. 1167 | 0. 1337 | 0. 1072 | 0. 1235 |
| 印刷业和记录媒介的复制 | 0. 1461 | 0. 1753 | 0. 1487 | 0. 1552 | 0. 1402 | 0. 2055 | 0. 1618 |
| 文教体育用品制造业 | 1. 0000 | 0. 5625 | 0. 2497 | 0. 3978 | 0. 9215 | 0. 1501 | 0. 5469 |
| 石油加工、炼焦及核燃料加工业 | 0. 0692 | 0. 1232 | 0. 1781 | 0. 1515 | 0. 1071 | 0. 0946 | 0. 1206 |
| 化学原料及化学制品制造业 | 0. 0438 | 0. 0514 | 0. 0757 | 0. 0926 | 0. 0923 | 0. 1145 | 0. 0784 |
| 医药制造业 | 0. 0651 | 0. 0846 | 0. 0906 | 0. 0986 | 0. 0902 | 0. 0782 | 0. 0846 |
| 化学纤维制造业 | 0. 1717 | 0. 1855 | 0. 1822 | 0. 1518 | 0. 1478 | 0. 2524 | 0. 1819 |
| 橡胶制品业 | 0. 1500 | 0. 1345 | 0. 1480 | 0. 1275 | 0. 2117 | 0. 2551 | 0. 1711 |
| 塑料制品业 | 0. 1532 | 0. 0793 | 0. 1412 | 0. 1685 | 0. 2004 | 0. 1325 | 0. 1459 |
| 非金属矿物制品业 | 0. 0468 | 0. 0714 | 0. 0776 | 0. 0932 | 0. 1397 | 0. 1379 | 0. 0944 |

续表

| 分行业名称 | 2003 年 | 2004 年 | 2005 年 | 2006 年 | 2007 年 | 2008 年 | 均值 |
|---|---|---|---|---|---|---|---|
| 黑色金属冶炼及压延加工业 | 0.1766 | 0.2329 | 0.2811 | 0.3540 | 0.1868 | 0.2096 | 0.2402 |
| 有色金属冶炼及压延加工业 | 0.0765 | 0.1183 | 0.0989 | 0.0903 | 0.0601 | 0.0953 | 0.0899 |
| 金属制品业 | 0.0825 | 0.0929 | 0.1077 | 0.1600 | 0.1187 | 0.1578 | 0.1199 |
| 通用设备制造业 | 0.0743 | 0.1073 | 0.1607 | 0.1405 | 0.1312 | 0.1303 | 0.1241 |
| 专用设备制造业 | 0.0744 | 0.0709 | 0.0670 | 0.3540 | 0.4705 | 0.5207 | 0.2596 |
| 交通运输设备制造业 | 0.3319 | 0.4172 | 0.4274 | 0.5352 | 0.4632 | 0.6126 | 0.4646 |
| 电气机械及器材制造业 | 0.1960 | 0.2099 | 0.7795 | 0.7653 | 0.9928 | 1.0000 | 0.6573 |
| 通信设备、计算机及其他电子设备制造业 | 0.5688 | 0.8775 | 0.8778 | 1.0000 | 0.9436 | 1.0000 | 0.8780 |
| 仪器仪表及文化、办公用机械制造业 | 0.0720 | 0.0977 | 0.1396 | 0.1517 | 0.1287 | 0.1507 | 0.1234 |
| 工艺品及其他制造业 | 0.1379 | 0.0841 | 0.1425 | 0.0910 | 0.1308 | 0.1767 | 0.1272 |
| 电力、热力的生产和供应业 | 0.0153 | 0.0185 | 0.0218 | 0.0141 | 0.0148 | 0.0282 | 0.0188 |
| 燃气生产和供应业 | 0.4112 | 0.6164 | 1.0000 | 1.0000 | 0.9151 | 0.4415 | 0.7307 |
| 水的生产和供应业 | 0.4210 | 0.1511 | 0.2399 | 0.2241 | 0.1964 | 0.4234 | 0.2760 |
| 均值 | 0.2016 | 0.1837 | 0.2176 | 0.2599 | 0.2695 | 0.2683 | 0.2334 |
| 标准差 | 0.2327 | 0.1754 | 0.2175 | 0.2600 | 0.2867 | 0.2419 | 0.2085 |
| 标准差系数 | 1.1543 | 0.9549 | 0.9996 | 1.0002 | 1.0641 | 0.9017 | 0.8932 |

注：标准差系数 = 标准差/均值。

**表 5 13 2003 ~ 2008 年中国工业行业 R&D 活动的经济转化子过程效率**

| 分行业名称 | 2003 年 | 2004 年 | 2005 年 | 2006 年 | 2007 年 | 2008 年 | 均值 |
|---|---|---|---|---|---|---|---|
| 煤炭开采和洗选业 | 0.0704 | 0.1033 | 0.1006 | 0.1248 | 0.0841 | 0.0526 | 0.0893 |
| 石油和天然气开采业 | 0.1011 | 0.0862 | 0.0843 | 0.3868 | 0.1020 | 0.4804 | 0.2068 |
| 黑色金属矿采选业 | 0.3442 | 1.0000 | 0.5477 | 0.5358 | 0.2268 | 0.3899 | 0.5074 |
| 有色金属矿采选业 | 0.2132 | 0.1522 | 0.1917 | 0.1582 | 0.3605 | 0.2661 | 0.2236 |
| 非金属矿采选业 | 0.3730 | 0.4006 | 0.3811 | 0.2583 | 0.3355 | 0.2109 | 0.3266 |
| 农副食品加工业 | 0.2042 | 0.2144 | 0.4832 | 0.3621 | 0.5358 | 0.4834 | 0.3805 |
| 食品制造业 | 0.1450 | 0.4820 | 0.4984 | 0.3139 | 0.3406 | 0.3864 | 0.3610 |
| 饮料制造业 | 0.1567 | 0.2163 | 0.3975 | 0.2411 | 0.2516 | 0.2419 | 0.2509 |
| 烟草制品业 | 0.1531 | 0.2431 | 0.3186 | 0.1711 | 0.4951 | 0.4668 | 0.3080 |
| 纺织业 | 0.2429 | 0.4777 | 0.3714 | 0.4001 | 0.7407 | 0.8434 | 0.5127 |

续表

| 分行业名称 | 2003 年 | 2004 年 | 2005 年 | 2006 年 | 2007 年 | 2008 年 | 均值 |
|---|---|---|---|---|---|---|---|
| 纺织服装、鞋、帽制造业 | 0. 2762 | 0. 5071 | 0. 9607 | 0. 6521 | 0. 8510 | 1. 0000 | 0. 7079 |
| 皮革、毛皮、羽毛（绒）及其制品业 | 1. 0000 | 0. 7462 | 0. 9559 | 0. 5377 | 0. 8179 | 1. 0000 | 0. 8429 |
| 木材加工及木、竹、藤、棕、草制品业 | 0. 2563 | 0. 2038 | 0. 5495 | 0. 3840 | 0. 4542 | 0. 2981 | 0. 3577 |
| 家具制造业 | 1. 0000 | 1. 0000 | 1. 0000 | 1. 0000 | 1. 0000 | 1. 0000 | 1. 0000 |
| 造纸及纸制品业 | 0. 1280 | 0. 2820 | 0. 2743 | 0. 1779 | 0. 1956 | 0. 2004 | 0. 2097 |
| 印刷业和记录媒介的复制 | 0. 1447 | 0. 1530 | 0. 2402 | 0. 2362 | 0. 2547 | 0. 1816 | 0. 2017 |
| 文教体育用品制造业 | 1. 0000 | 0. 8787 | 0. 6191 | 0. 8096 | 1. 0000 | 0. 6147 | 0. 8203 |
| 石油加工、炼焦及核燃料加工业 | 0. 1757 | 0. 2409 | 0. 3698 | 0. 3901 | 0. 2567 | 0. 2339 | 0. 2779 |
| 化学原料及化学制品制造业 | 0. 1539 | 0. 2079 | 0. 3109 | 0. 2477 | 0. 2784 | 0. 3531 | 0. 2587 |
| 医药制造业 | 0. 2079 | 0. 2566 | 0. 3542 | 0. 3954 | 0. 5071 | 0. 6780 | 0. 3999 |
| 化学纤维制造业 | 0. 3851 | 0. 6070 | 0. 5712 | 0. 5290 | 0. 4858 | 0. 3898 | 0. 4947 |
| 橡胶制品业 | 0. 4050 | 0. 4036 | 0. 4663 | 0. 3272 | 0. 6152 | 0. 3890 | 0. 4344 |
| 塑料制品业 | 0. 2524 | 0. 3305 | 0. 2684 | 0. 4609 | 0. 8622 | 0. 3949 | 0. 4282 |
| 非金属矿物制品业 | 0. 1634 | 0. 3025 | 0. 3208 | 0. 2994 | 0. 3486 | 0. 3400 | 0. 2958 |
| 黑色金属冶炼及压延加工业 | 0. 2087 | 0. 1835 | 0. 2247 | 0. 2318 | 0. 1763 | 0. 2348 | 0. 2100 |
| 有色金属冶炼及压延加工业 | 0. 1546 | 0. 3603 | 0. 3211 | 0. 3230 | 0. 1614 | 0. 3297 | 0. 2750 |
| 金属制品业 | 0. 2664 | 0. 3064 | 0. 5341 | 0. 3926 | 0. 2793 | 0. 4674 | 0. 3744 |
| 通用设备制造业 | 0. 5672 | 0. 6165 | 0. 6435 | 0. 6010 | 0. 6933 | 0. 8438 | 0. 6609 |
| 专用设备制造业 | 0. 4992 | 0. 5534 | 0. 6418 | 0. 8006 | 0. 6896 | 0. 6373 | 0. 6370 |
| 交通运输设备制造业 | 0. 6212 | 0. 8847 | 1. 0000 | 1. 0000 | 1. 0000 | 1. 0000 | 0. 9176 |
| 电气机械及器材制造业 | 0. 8647 | 0. 9337 | 1. 0000 | 0. 9286 | 0. 8415 | 1. 0000 | 0. 9281 |
| 通信设备、计算机及其他电子设备制造业 | 0. 7961 | 0. 7461 | 1. 0000 | 1. 0000 | 0. 7688 | 1. 0000 | 0. 8852 |
| 仪器仪表及文化、办公用机械制造业 | 0. 5016 | 0. 4805 | 0. 5445 | 0. 3955 | 0. 4167 | 0. 4982 | 0. 4728 |
| 工艺品及其他制造业 | 0. 2122 | 0. 3072 | 0. 6109 | 0. 4567 | 0. 6080 | 0. 7133 | 0. 4847 |
| 电力、热力的生产和供应业 | 0. 0162 | 0. 0175 | 0. 0260 | 0. 0137 | 0. 0166 | 0. 0283 | 0. 0197 |
| 燃气生产和供应业 | 0. 7376 | 0. 6294 | 0. 6376 | 1. 0000 | 1. 0000 | 0. 2503 | 0. 7092 |
| 水的生产和供应业 | 0. 4969 | 0. 3369 | 0. 4161 | 0. 1764 | 0. 1863 | 1. 0000 | 0. 4354 |
| 均值 | 0. 3647 | 0. 4284 | 0. 4929 | 0. 4519 | 0. 4929 | 0. 5108 | 0. 4569 |
| 标准差 | 0. 2756 | 0. 2672 | 0. 2670 | 0. 2703 | 0. 2910 | 0. 2984 | 0. 2483 |
| 标准差系数 | 0. 7556 | 0. 6238 | 0. 5417 | 0. 5981 | 0. 5904 | 0. 5841 | 0. 5435 |

注：标准差系数 = 标准差/均值。

对于阶段 1 而言，即 R&D 活动的科技研发子过程，2003 ~ 2008 年技术研发子过程的效率均值为 0.2334，意味着即使 R&D 资源投入削减 76.66%，仍能保持既定的期望技术产出水平。其中，低于效率均值的行业有 26 个，占行业总数的 70.27%，且科技研发子过程效率的标准差系数也显著高于整体效率和经济转化子过程效率，其数值高达 0.8932，这些说明科技研发子过程存在非常严重的行业差异。具体来说，通信设备、计算机及其他电子设备制造业（0.8780），家具制造业（0.7340），燃气生产和供应业（0.7307），电气机械及器材制造业（0.6573）的科技研发子过程效率相对较高，其效率均值均超过 0.65。虽然这些行业面临的市场环境有所不同，但对 R&D 资源都表现出较高的利用率。而有色金属冶炼及压延加工业（0.0899），医药制造业（0.0846），化学原料及化学制品制造业（0.0784），煤炭开采和洗选业（0.0367），石油和天然气开采业（0.0350），电力、热力的生产和供应业（0.0188）则相对较低，其效率均值都不足 0.10，表明这些行业在 R&D 资源投入转化为专利技术产出的环节上存在很大的资源浪费。

对于阶段 2 而言，即 R&D 活动的经济转化子过程，2003 ~ 2008 年经济转化子过程的效率均值为 0.4569，其值明显高于 R&D 活动整体效率和科技研发子过程效率，表明其并不是中国工业行业 R&D 活动效率偏低的主要原因。同时，相对较高的经济转化子过程效率，一方面体现了企业的 R&D 活动以经济目标为导向，另一方面也体现了多年来中国坚持“以经济建设为中心”的基本国策，这些也是与现实相吻合的。具体来说，效率较高的行业有家具制造业（1.0000），电气机械及器材制造业（0.9281），交通运输设备制造业（0.9176），通信设备、计算机及其他电子设备制造业（0.8852），皮革、毛皮、羽毛（绒）及其制品业（0.8429），文教体育用品制造业（0.8203），其效率均值均超过 0.82。而效率较低的行业有造纸及纸制品业（0.2097），石油和天然气开采业（0.2068），印刷业和记录媒介的复制（0.2017），煤炭开采和洗选业（0.0893），电力、热力的生产和供应业（0.0197），其效率均值都不足 0.21，表明这些行业的专利技术成果未能有效地为行业经济发展做出应有的贡献。

### 五、两个子过程效率的对比分析

为了对比分析中国工业行业 R&D 活动的内部子过程效率，根据两个子过程的具体特点，将两个子过程效率的均值分为高效率和低效率两个等级：对于科技研发子过程，效率均值属于［0.20，1］的为高效率行业，［0，0.20）的为低效率行业；对于经济转化子过程，效率均值属于［0.45，1］的为高效率行业，［0，0.45）的为低效率行业。按照这一标准划分，得到两个子过程效率的象限如

表 5－14 所示。

**表 5－14　中国工业行业 R&D 活动两个子过程效率的象限**

| 象限 | 象限类型 | 行业 |
| --- | --- | --- |
| 第一象限 | 高科技研发效率、高经济转化效率 | 黑色金属矿采选业，皮革、毛皮、羽毛（绒）及其制品业，家具制造业，文教体育用品制造业，专用设备制造业，交通运输设备制造业，电气机械及器材制造业，通信设备、计算机及其他电子设备制造业，燃气生产和供应业 |
| 第二象限 | 低科技研发效率、高经济转化效率 | 纺织业，纺织服装、鞋、帽制造业，化学纤维制造业，通用设备制造业，仪器仪表及文化、办公用机械制造业，工艺品及其他制造业 |
| 第三象限 | 低科技研发效率、低经济转化效率 | 煤炭开采和洗选业，石油和天然气开采业，有色金属矿采选业，非金属矿采选业，农副食品加工业，食品制造业，饮料制造业，造纸及纸制品业，印刷业和记录媒介的复制，石油加工、炼焦及核燃料加工业，化学原料及化学制品制造业，医药制造业，橡胶制品业，塑料制品业，非金属矿物制品业，有色金属冶炼及压延加工业，金属制品业，电力、热力的生产和供应业 |
| 第四象限 | 高科技研发效率、低经济转化效率 | 烟草制品业，木材加工及木、竹、藤、棕、草制品业，黑色金属冶炼及压延加工业，水的生产和供应业 |

第一象限为两个子过程效率都是相对较高的行业，处于该象限的行业有黑色金属矿采选业，皮革、毛皮、羽毛（绒）及其制品业，家具制造业，文教体育用品制造业，专用设备制造业，交通运输设备制造业，电气机械及器材制造业，通信设备、计算机及其他电子设备制造业，燃气生产和供应业。这类工业行业在 R&D 资源投入转化为专利技术成果环节和专利技术成果转化为经济效益产出环节都是高效率的。

第二象限为科技研发子过程是低效率，而经济转化子过程是高效率的行业，处于该象限的行业有纺织业，纺织服装、鞋、帽制造业，化学纤维制造业，通用设备制造业，仪器仪表及文化、办公用机械制造业，工艺品及其他制造业。这类行业虽然在 R&D 资源投入转化为专利技术成果环节是低效率的，但在专利技术成果转化为经济效益产出环节却是高效率的。

第三象限为两个子过程都是低效率的行业，处于该象限的行业有煤炭开采和洗选业，石油和天然气开采业，有色金属矿采选业，非金属矿采选业，农副食品加工业，食品制造业，饮料制造业，造纸及纸制品业，印刷业和记录媒介的复制，石油加工、炼焦及核燃料加工业，化学原料及化学制品制造业，医药制造业，橡胶制品业，塑料制品业，非金属矿物制品业，有色金属冶炼及压延加工业，金属制品业，电力、热力的生产和供应业。这类行业在 R&D 资源投入转化为科技成果以及科技成果再转化为经济效益环节都是低效率的。

第四象限为科技研发子过程是高效率，而经济转化子过程是低效率的行业，处于该象限的行业有烟草制品业，木材加工及木、竹、藤、棕、草制品业，黑色金属冶炼及压延加工业，水的生产和供应业。这类行业在 R&D 资源投入转化为专利技术成果环节是相对高效的，但在专利技术成果转化为经济效益环节却是相对低效的。由于该类行业的 R&D 资源投入缺乏以创造效益为目的，虽然科技研发子过程的 R&D 资源投入高效地转化为了专利技术成果，但其与生产实践相脱节，致使大量的专利技术成果难以商业化、市场化，进而不能高效地转化为生产力。

由于 R&D 活动是由科技研发子过程和经济转化子过程共同构成，因此，整体效率与两个子过程的效率应具有一定的关联性，故对 2003～2008 年中国工业行业 R&D 活动的整体效率均值与两个子过程效率均值进行相关性检验，结果如表 5－15 所示。

**表 5－15　工业行业 R&D 活动整体效率与两个子过程效率的相关性检验**

| 相关性检验 | | $E_0^*$ | $E_1^*$ | $E_2^*$ |
|---|---|---|---|---|
| $E_0^*$ | Spearman's rho | 1.000 | | |
| | Kendall's tau_ b | 1.000 | | |
| $E_1^*$ | Spearman's rho | 0.846*** (0.000) | 1.000 | |
| | Kendall's tau_ b | 0.685*** (0.000) | 1.000 | |
| $E_2^*$ | Spearman's rho | 0.973*** (0.000) | 0.730*** (0.001) | 1.000 |
| | Kendall's tau_ b | 0.871*** (0.000) | 0.556*** (0.001) | 1.000 |

注：同表 5－7。

由表 5－15 可知，R&D 活动的整体效率与科技研发子过程效率、经济转化子过程效率在 1% 的显著性水平下都存在高度的相关性，即整体效率由两个子过程效率（科技研发子过程和经济转化子过程）共同决定。其中，整体效率与经济转化子过程效率之间的 Spearman's rho、Kendall's tau_ b 相关系数分别高达 0.973、0.871，显著高于其与科技研发子过程效率之间的相关系数，这些表明经济转化子过程效率与 R&D 活动整体效率的排名具有高度的一致性，其是决定中国工业行业 R&D 活动效率高低排名的最关键因素。虽然科技研发子过程效率与经济转化子过程效率之间也存在显著的相关性，但其相关系数都相对较低，这显示出中国工业行业 R&D 活动的两个子过程之间也存在一定程度的不协调性，这与 Chen 和 Guan（2010，2012）及庞瑞芝（2010）的结论是基本一致的。

## 六、四大行业差异分析

为了更加全面和深入地了解中国工业行业 R&D 活动效率的行业差异，本书根据刘贵鹏等（2012）、王然等（2010）对中国工业行业的分类方法，将工业行业分为资源型行业、原材料行业、一般制造行业和高技术行业四大类。

表 5－16 显示出四类行业的 R&D 活动效率差异是相当大的。从整体效率来看，高技术行业、一般制造行业的效率均值要高于全行业及资源型行业、原材料行业，其效率均值分别为 0.6223、0.3609，而资源型行业、原材料行业的效率均值却显著低于全行业，其效率均值分别为 0.2627、0.2384，表明高技术行业的 R&D 活动效率最高，原材料行业的 R&D 活动效率最低。同时，资源型行业、原材料行业、一般制造行业、高技术行业 R&D 活动效率的标准差系数分别为 0.8113、0.2346、0.5345、0.3494，表明资源型行业的内部差异最大，而原材料行业的内部差异相对最小。

**表 5－16　四类行业的 R&D 活动效率**

| 行业分类 | 指标 | $E_0^*$ | $E_1^*$ | $E_2^*$ |
|---|---|---|---|---|
| 资源型行业 | 均值 | 0.2627 | 0.2107 | 0.3147 |
| | 标准差 | 0.2131 | 0.2204 | 0.2137 |
| | 标准差系数 | 0.8113 | 1.0462 | 0.6789 |
| 原材料行业 | 均值 | 0.2384 | 0.1380 | 0.3388 |
| | 标准差 | 0.0559 | 0.0494 | 0.0915 |
| | 标准差系数 | 0.2346 | 0.3575 | 0.2701 |
| 一般制造行业 | 均值 | 0.3609 | 0.2218 | 0.4999 |
| | 标准差 | 0.1929 | 0.1730 | 0.2416 |
| | 标准差系数 | 0.5345 | 0.7798 | 0.4833 |
| 高技术行业 | 均值 | 0.6223 | 0.4766 | 0.7681 |
| | 标准差 | 0.2174 | 0.2705 | 0.1822 |
| | 标准差系数 | 0.3494 | 0.5675 | 0.2372 |

注：同表 5－7。

四类行业 R&D 活动的两个子过程效率与整体效率也是非常相似的。在科技研发子过程、经济转化子过程中，高技术行业仍然是最高的，显著高于全行业及资源型行业、原材料行业、一般制造行业，其效率均值分别为 0. 4766、0. 7681。但效率最低的行业却有所变化，在科技研发子过程，原材料行业的效率是最低的，其效率均值为 0. 1380，而在经济转化子过程，资源型行业的效率是最低的，其效率均值为 0. 3147。同样，在两个子过程中，资源型行业效率的内部差异表现最大，其标准差系数分别高达 1. 0462、0. 6789，而在科技研发子过程中，原材料行业的效率差异是最小的，在经济转化子过程中，高技术行业的效率差异是最小的。

# 第六章　中国 R&D 活动效率的影响因素分析

网络 SBM 视窗分析模型虽然具有很多优点，但也存在一些不足之处，即不能对 R&D 活动效率的影响因素进行分析。因此，为了进一步深入探讨中国区域和行业 R&D 活动效率的各种影响因素，本书基于上述 R&D 活动效率评估，以 R&D 活动效率值作为因变量，利用面板 Tobit 模型进行相应的影响因素分析。

## 第一节　面板 Tobit 模型

在效率评价文献中，为了更深入地了解系统效率的影响因素，Coelli（1998）在 DEA 效率分析的基础上提出了两步法（Two－stage Method）：第一步应用 DEA 模型测算出 DMU 的效率值；第二步运用 Tobit 模型进行效率影响因素分析，即将第一步测算的 DMU 效率值作为因变量，以各种影响因素作为自变量建立 Tobit 回归模型。

Tobit 回归模型由经济学家 Tobit（1958）最早提出，然后由经济学家 Goldberger（1964）首度采用。Tobit 回归模型的被解释变量（因变量）主要以受限制的方式被观测到，其值为切割值（Truncated）或片断值（Censored），所以 Tobit 模型也被称为截取回归模型（周翠平，2011）。当因变量受限出现截取时，运用遵循极大似然估计的 Tobit 回归分析是一种很好的选择，能够弥补普通最小二乘法回归出现的参数估计有偏和不一致的不足。同时，Tobit 回归模型的解释变量（自变量）可以是连续型数值变量，也可以是二值型的虚拟变量，具有较好的灵活性。

根据截取点的不同，Tobit 模型主要表现为三种形式：左端截取、右端截取、两端同时截取。这里将 Tobit 模型的截取点设为$\overline{c_i}$（或$\underline{c_i}$），则 Tobit 模型的一般形式为：

$$y_i^* = x'_i\beta + \varepsilon_i,\ \ \varepsilon_i \sim N(0,\ \sigma^2)$$

$$y_i = \begin{cases} \underline{c_i} & 若\ y_i^* \leqslant \underline{c_i} \\ y_i^* & 若\ \underline{c_i} < y_i^* < \overline{c_i} \\ \overline{c_i} & 若\ \overline{c_i} \leqslant y_i^* \end{cases} \tag{6-1}$$

其中，$y_i^*$ 为潜变量，$y_i$ 为实际观察到的被解释变量，$x_i$ 为解释变量的向量，β 表示回归系数向量，$\varepsilon_i$ 为服从正态分布的独立残差项。如果没有较低的截取点，即$\underline{c_i} = -\infty$，那么该模型就表示为左端截取的 Tobit 模型；如果没有较高的截取点，即$\overline{c_i} = +\infty$，那么该模型就表示为右端截取的 Tobit 模型；如果左右截取点（$\overline{c_i}$、$\underline{c_i}$）都存在，那么该模型就表示为两端截取的 Tobit 模型。

一般来说，标准的 Tobit 模型是将左端截取点设为 0，则标准 Tobit 模型可以表示为：

$$y_i^* = x'_i\beta + \varepsilon_i,\quad \varepsilon_i \sim N(0,\ \sigma^2)$$

$$y_i = \begin{cases} x'_i\beta + \varepsilon_i & 若\ x'_i\beta + \varepsilon_i > 0 \\ 0 & 若\ x'_i\beta + \varepsilon_i \leqslant 0 \end{cases} \tag{6-2}$$

由于 R&D 活动效率是一个受限因变量，其数值介于 0 ~ 1，若直接用经典的线性回归方法对影响因素模型进行参数估计，将导致参数估计的结果是有偏且不一致的。由于面板数据同时包含了横截面与时间两个维度，一方面可以提供更多的个体动态行为信息，另一方面可以增大样本容量，进而在一定程度上提高估计精度，因此，我们运用最大似然估计法（Maximum Likelihood Estimator，MLE）的面板 Tobit 模型来进行 R&D 活动效率的影响因素分析。在面板 Tobit 模型中，由于固定效应通常得不到参数的一致性估计值，故采用随机效应的 Tobit 模型是更加适合的。根据以上 Tobit 模型，本书构建的随机效应的面板 Tobit 模型如下：

$$E_{it}^* = x_{it}\beta + \nu_i + \varepsilon_{it}$$

$$E_{it} = E_{it}^*\ (\text{if}\quad E_{it}^* < 1)$$

$$E_{it} = 1\quad (\text{if}\quad E_{it}^* \geqslant 1) \tag{6-3}$$

其中，$E_{it}$表示 i 省份（或行业）在时间 t 的 R&D 活动效率值，$x_{it}$表示各种影响因素变量的向量，β 表示影响因素变量的系数向量，随机效应 $\nu_i \overset{i.i.d}{\sim} N(0,\ \sigma_\nu^2)$，误差干扰项 $\varepsilon_{it} \overset{i.i.d}{\sim} N(0,\ \sigma_\nu^2)$，且与随机效应相互独立。

# 第二节　区域 R&D 活动效率的影响因素分析

## 一、影响因素选取及说明

R&D 活动效率不仅依赖于自身的研发投入，还依赖于社会、经济中诸多外部环境因素的影响。本节在国内外相关研究成果的基础上，结合中国区域 R&D 活动的特点，根据研究的需要和数据的可得性，重点考察对外开放程度、人力资本、创新活动主体间联系程度、政府行为、基础设施、产业结构等外部环境因素对区域 R&D 活动效率的影响。

对外开放程度（Ex）：在开放经济系统中，区域 R&D 活动效率不仅直接取决于国内诸多因素，而且受国际技术扩散、国际投资、国际贸易等诸多因素的影响。从理论层面上看，经济开放程度越强，特别是外商直接投资规模的扩大，通过技术转移和技术溢出效应（包括竞争效应、培训效应、关联效应、示范效应）等对东道国经济的增长起到促进作用（Findley，1978；Globerman，1979；Rivera－Batiz 等，1991），但是实证研究并没有得出一致的结论（Girma，2001；Barry 等，2001；Barrios 和 Strobl，2002）。这是因为对外开放程度比较高的行业，其外资准入门槛通常比较低，特别是对于那些较为弱势的行业而言，行业内的企业非常容易遭受跨国企业强有力的冲击，或被淘汰挤出市场，或仅仅占有跨国企业放弃的市场份额等，从而无法实现有效的资本和技术积累，进而无法有效地吸收技术创新投入，此时东道国企业从跨国企业获得的技术溢出效应也会大打折扣。同时，如果东道国某一行业中的外资企业以外向型经济为主，则其与其他部门的经济联系也会相应地减少，结果很可能会使外资部门成为东道国内部的"飞地"，此时外商直接投资的技术溢出效应同样也不会得到很好的发挥。本节重点考察反映区域开放程度的外商直接投资对区域 R&D 活动创新效率的影响，使用外商直接投资额与地区生产总值的比值来衡量区域的对外开放程度，记为 Ex。其中，对于美元表示的外商直接投资额，均按照当年人民币的平均汇率换算为人民币，其预期符号待定。

人力资本水平（Hum）：所谓人力资本是指人们花费在教育、健康、训练、迁移和信息获取等方面的开支所形成的资本。在知识经济时代，人力资本作为国家和企业的核心资本，是 R&D 创新必不可缺的载体，是推动 R&D 创新的基础力量。一般来说，人力资本主要通过两种机制来影响 R&D 创新：一是原始创新相对于二次创新需要投入更多的研发人员和经费，因此，人力资本水平直接影响着R&D 原始创新水平；二是人力资本作为技术吸收创新的重要决定因素，对吸收、学习外溢技术和促进二次创新具有重要的作用，技术扩散随着人力资本水平的提高而增加。此外，人力资本水平也决定着各区域由低级模仿到高级创新转变的能力。因此，人力资本对区域 R&D 创新能力的提高具有重要影响。关于人力资本的测算方法有多种，如平均受教育年限、平均每万人在校中学生人数、入学率、教育经费占 GDP 或财政支出的比重等，但这几种测算方法都不同程度地存在缺陷。鉴于人力资本测算的困难，为了验证估计结果的可靠性，本节使用各地区每百万人在校大学生人数（Hum1）和平均受教育年限对数值（Hum2），来衡量人力资本在 R&D 活动中发挥的作用，其预期符号为正。

R&D 活动主体间联系程度（Lin）：R&D 活动创新过程是各个 R&D 主体（企业、科研机构、高等学校）之间以及主体与外部环境之间交互作用的结果（Edquist 等，2002），因此，区域内创新主体之间的知识传递对 R&D 活动的创新效率有显著的影响（Lundvall 等，2002）。企业作为 R&D 投入的主体，其技术创新能力的提高，除了依靠自身的技术学习和积累外，同样需要科研机构、高等学校的积极参与、支持和服务。特别地，随着全球知识产权竞争的加剧，R&D 创新的规模、速度不断增大，企业很难单独地应对所有 R&D 创新活动；同样，科研机构、高等学校在基础研究和前沿技术方面的创新与突破，也是企业 R&D 创新的重要源泉。因此，R&D 创新主体之间产学研结合模型有力地提升了区域 R&D 创新能力。本书使用各地区科研机构和高等学校科技活动经费筹集中企业资金所占比重表示 R&D 活动执行主体之间的联系程度，记为 Lin，其预期符号为正。

地方政府对 R&D 活动的支持强度（Gov）：政府的政策和管理是 R&D 活动重要的外在激励环境，在区域 R&D 活动中具有举足轻重的作用。一方面，政府部门通过制定和执行各类法律法规（反不正当竞争法、知识产权保护法等）和政策（产业政策、科技政策、财政政策、货币政策等）为 R&D 活动营造良好的环境，有效地引导 R&D 资源配置。同时，对于市场机制推动 R&D 创新在某些高投入、高风险领域的失效，政府行为也进行了及时的修正。另一方面，政府部门通过财政科技投入（科技经费的拨款或研发资助）方式为 R&D 活动提供大量的资金，这是政府支持 R&D 活动最直接的切入点和最有效的着力点。政府的财政科技投入是区域 R&D 活动投入的重要来源，在全社会多渠道 R&D 投入中占据着重要地位，并发挥着引导和调节作用，有效地推动了 R&D 活动的开展。本节使用各地区科技活动经费筹集中政府资助的比重来衡量政府对 R&D 活动的支持强度，记为 Gov，其预期符号为正。

基础设施水平（Base）：基础设施是 R&D 创新活动中各种要素流动的载体，因此在 R&D 活动中具有重要的作用。区域 R&D 创新的基础设施，主要包括信息和知识的载体、物流的载体、多种运输方式形成的客流量和货流量。一般而言，区域基础设施条件越好、越完善，信息交流越顺畅，交通越便利，从而降低物质条件和信息的交易成本，极大地提高了生产过程要素的生产率，即基础设施具有生产的外部性和市场交易的便利性。同时，随着基础设施条件的不断改善，企业更容易采用先进的新技术，促进技术进步和经济增长，这些都为区域 R&D 创新活动提供了一个良好的平台。Cook（2000）、Stem 等（200）、柳卸林（2003）、Gans 和 Stem（2003）、Gans（2006）等的研究也得出了相同的结论，认为基础设施的完善程度对 R&D 创新能力的提升具有重要意义。考虑到数据的可得性和中国各地区的实际情况，本书使用各地区邮电业务总量占地区生产总值（GDP）的比重来表示基础设施程度，记为 Base，其预期符号为正。

产业结构：产业结构的关系实质上反映了社会资源的配置状况，在竞争条件下，资源配置能够自发地流向资源使用效率高的部门。R&D 创新活跃的产业由于掌握了更多的新知识和技术，产业的平均利润水平将高于社会平均，这些将使其吸引更多的资源而得到发展。相反地，R&D 创新较差的行业由于难以吸收充足的资源，其发展也相对缓慢。一般情况下，处于产业生命周期前期的产业要比后期的产业具有更多的创新机会与成果，这些都会较大地影响 R&D 活动效率的变化。根据区域经济发展的一般规律，在经济全球化趋势下，产业发展的区域分工呈现出增强的趋势（Poter，1990，1998，2000）。目前，区域专业化分工现象在中国正处于蓬勃发展的阶段，特别是在民营经济发展迅速、市场化程度高、经济比较发达的东部沿海地区。区域专业化导致对技术需求的专业化，使区域间的科技投入方向、结构等都存在一定的差异，进而对 R&D 活动创新效率产生重要影响。关于区域产业结构的测算方法有多种，如第二、第三产业增加值占 GDP 比重、工业总产值占全国比重、工业增加值占 GDP 比重、高技术产业总产值占全国比重等。高技术产业是 R&D 活动密集度最大的产业，具有高投入、高产出、高创新性、高渗透性和高附加值性，在 R&D 创新过程中起着越来越重要的作用。同样，为了验证结果的可靠性，本书用各地区高技术产业工业总产值占全国比重（Rat1）、各地区工业总产值占全国比重（Rat2）来表示产业结构对 R&D 活动效率的影响，其预期符号为正。

基于中国各省、自治区、直辖市的 R&D 活动效率数据，我们选取 2001 ~ 2008 年共八年的相关影响因素数据，数据主要来源于《中国科技统计年鉴》（2002 ~ 2012）、各省统计年鉴（2002 ~ 2012）和《中国统计年鉴》（2002 ~ 2012）。具体来说，包括 2001 ~ 2008 年各省、自治区、直辖市的地区生产总值

（亿元）、外商直接投资额（万美元）、年度汇率、科技活动经费筹集额（万元）、科技活动经费筹集额中政府资金（万元）、科技活动经费筹集额中企业资金（万元）、每十万人口高等学校平均在校人数（人）、邮电业务总量（万元）、高技术产业工业总产值（亿元）等。

## 二、R&D 活动效率的影响因素分析

为了深入探讨中国区域 R&D 活动效率的影响因素，本书运用随机效应的面板 Tobit 回归模型，以中国区域 R&D 活动效率值为被解释变量，将对外开放程度、人力资本水平、R&D 活动主体间联系程度、地方政府对 R&D 活动的支持强度、基础设施水平、产业结构等因素作为解释变量，进行相应的影响因素分析。具体回归结果如表 6-1 所示。

**表 6-1　中国区域 R&D 活动效率的影响因素分析**

| 变量 | 模型（1） | 模型（2） | 模型（3） | 模型（4） |
|---|---|---|---|---|
| 常数项 | 0.4041394**<br>（0.1964875） | 0.5229526***<br>（0.1920323） | -0.0721531<br>（0.0863116） | -0.0692831<br>（0.0885111） |
| Ex | 0.0143090**<br>（0.0065153） | 0.0186649***<br>（0.0066657） | 0.0154254**<br>（0.0064676） | 0.0199338***<br>（0.0066424） |
| Hum1 | — | — | 0.0670492**<br>（0.0271086） | 0.0777003***<br>（0.026947） |
| Hum2 | 0.0453541*<br>（0.0245777） | 0.0620052***<br>（0.0234863） | — | — |
| Lin | 0.0059905***<br>（0.0019272） | 0.0059389***<br>（0.001976） | 0.0052568***<br>（0.0019527） | 0.0051277**<br>（0.0020135） |
| Gov | 0.0059438***<br>（0.0018086） | 0.0058753***<br>（0.0018319） | 0.0061279***<br>（0.0017983） | 0.006045***<br>（0.0018293） |
| Base | 0.0316788***<br>（0.0064554） | 0.0306106***<br>（0.0064837） | 0.0243358***<br>（0.0076711） | 0.0232875***<br>（0.0076887） |
| Rat1 | 0.0210647***<br>（0.0050416） | — | 0.0213978***<br>（0.0048574） | — |
| Rat2 | — | 0.0151121***<br>（0.0054321） | — | 0.0156163***<br>（0.0156163） |
| 个体效应标准差 | 0.1566333***<br>（0.0240667） | 0.1440955***<br>（0.0212921） | 0.1540375***<br>（0.0233433） | 0.1441307***<br>（0.0213918） |

续表

| 变量 | 模型（1） | 模型（2） | 模型（3） | 模型（4） |
|---|---|---|---|---|
| 随机干扰项标准差 | 0.1091756***<br>(0.0056067) | 0.1140825***<br>(0.0058109) | 0.1087266***<br>(0.0055685) | 0.1136778***<br>(0.0057933) |
| RHO | 0.673025<br>(0.0732420) | 0.6146992<br>(0.0753666) | 0.6674603<br>(0.0727294) | 0.6164967<br>(0.075593) |
| 似然比检验（卡方） | 87.41 | 74.22*** | 91.58*** | 75.21*** |
| 对数似然值 | 128.268060 | 121.66563 | 129.56617 | 122.36240 |

注：***、**、* 分别表示在1%、5%、10%的水平下显著；括号内数据表示系数标准差；RHO 值代表个体效应的方差占总方差的比例。

由表6-1可知，模型（1）~模型（4）的 RHO 值均在0.61以上，说明各区域 R&D 活动效率的变化大部分是由个体效应的变化所引起的。似然比检验统计量及其显著性表明应拒绝“不存在个体效应”的零假设，即随机效应面板 Tobit 模型比混合 Tobit 模型更适合本书的研究。模型的随机干扰项标准差和个体效应标准差均较小，而其对数似然值却相对较大，这些表明模型的整体拟合优度较好。同时，模型（1）~模型（4）并没有因为某些指标变量的选取不同而回归系数发生较大的变化，因此，本书的结论具有一定的稳定性和可靠性，可以用来进行中国区域 R&D 活动效率的影响因素分析。

对外开放程度（Ex）对区域 R&D 活动效率具有显著的正影响，且其回归系数均通过5%的显著性检验，这表明一个区域的对外开放程度越强，该区域 R&D 活动效率相应地就越高。实践证明，对外开放并没有因为竞争压力、技术依赖性等给国内民族产业的生存和发展带来巨大的冲击和威胁，相反，基于这样的背景和环境，国内企业要想取得市场竞争中的不败地位，必须通过相应的自主创新，增强自身的核心竞争力。这主要是由于通过对外开放（如商品贸易、外资流入等）一方面可以引进、消化和吸收国外先进技术、管理经验和方法等，国内企业可以大幅度降低 R&D 创新过程中的风险和成本，加快了 R&D 创新过程的速度，从而节省了大量的 R&D 资源和研发时间，提高了 R&D 活动效率；另一方面可以通过示范效应、前后向产业关联效应、竞争效应等带动技术的进步，进而优化 R&D 资源配置，提高 R&D 活动的投入产出效率。

人力资本水平对区域 R&D 活动效率具有稳定的正影响，即无论是用各地区每百万人在校大学生人数还是用平均受教育年限衡量的人力资本水平，均在10%的显著性水平下通过检验，这些表明一个区域拥有的人力资本水平越高，其 R&D 活动效率也相应地越高。在经济发展过程中，特别是在知识经济发展时代，人力资本作为企业和国家的核心资本，是 R&D 活动创新必不可缺的载体，也是推动 R&D 活动创新的基础力量。因此，一个区域的人力资本积累越丰富，质量水平越高，劳动者掌握和运用新知识、新技术以及先进的管理方式的能力就越强，进而可以有效地促进 R&D 创新活动的顺利开展。这一结论与刁丽琳（2011）、岳书敬（2008）、李习保（2007）等的研究发现是一致的。

R&D 活动主体间联系程度（Lin）对区域 R&D 活动效率具有显著的正影响，且通过 5% 的显著性检验，这表明 R&D 活动三大执行主体（高等学校、科研机构、企业）之间的交流与合作对促进区域 R&D 活动效率的提升发挥着显著的作用。高等学校、科研机构和企业之间合作，通常是指以高等学校或科研院所为技术供给方、风险共担人，与以企业为技术需求方、主要投资人之间的合作，其实质是促进 R&D 创新所需的各种生产要素的有效组合，其主要合作形式有：企业和高等学校联合开展科技研发与人才培养；吸纳企业资金，建立校办高科技企业；高校与区域实行全方位合作等。R&D 活动三大执行主体通过上述的合作形式，一方面促进了相互之间知识、信息等的共享和流动，加速了 R&D 活动创新系统内部科技知识的利用和扩散；另一方面降低了供需双方的风险，弥补了单一主体研发人力、财力和物力的不足，进而有效地提升了区域 R&D 活动系统的整体效率。这与 Guan 和 Chen（2012）、Li（2009）等的结论相一致。

政府对科技活动的支持强度（Gov）回归系数为正，且均通过 1% 的显著性检验，这表明政府对科技活动的支持越强，区域 R&D 活动的效率就越高，即政府支持是提高区域 R&D 活动能力的重要因素，这与师萍等（2011）、李婧等（2009）的结论是一致的。政府对 R&D 活动效率的影响，主要体现在政府政策支持和财政支持两个方面，即一方面政府部门可以通过制定各类法律法规和政策等为 R&D 活动营造良好的环境，有效地引导 R&D 资源配置；另一方面政府部门直接通过财政科技投入方式为 R&D 活动提供部分资金，并以此引导整个社会的 R&D 投资走向，这在一定程度上解决了 R&D 经费严重不足的问题。因此，现阶段各级政府应逐步加大财政科技拨款的力度，加大财政科技拨款的比例，出台相关财税政策，进而促进 R&D 活动效率的快速提升。

基础设施水平与区域 R&D 活动效率在 1% 的显著性水平下具有显著的正相关关系，这表明一个区域的基础设施水平越高，越有利于 R&D 活动创新能力的提高，这与我们的直观印象是一致的。R&D 创新活动的基础设施主要包括交通条件和信息水平两个方面，这些为 R&D 活动的顺利开展提供了重要的基础保障。一方面，良好的基础设施有利于高科技人才的集聚，有利于提高市场交易的便利性，从而大大降低企业交易成本，进而提升区域内企业 R&D 活动的创新能力；另一方面，随着基础设施条件的不断改善，企业能够较好地实现科技信息的传播

和知识的共享，更容易采用先进技术和设备，从而促进技术进步和经济增长，这些都为区域 R&D 创新活动提供了一个良好的平台。

两个产业结构变量，即各地区高技术产业工业总产值占全国比重（Rat1）、各地区工业总产值占全国比重（Rat2），并未因为衡量指标的不同而对回归结果产生巨大影响，且都在1%的显著性水平下对区域 R&D 活动效率具有显著的正影响，这表明产业结构的变迁在区域 R&D 活动创新过程中起着非常重要的作用。一般情况下，相对于处于产业生命周期后期的产业而言，处于产业生命周期前期的产业更加具有活力和创造力，相应地其创新效率也就越高。而高技术产业是 R&D 活动密集度最大的产业，其具有高创新性、高渗透性、高附加值性等特点，因此，大力发展高技术产业可以迅速地优化产业结构。基于此，我们要想不断优化工业内部的产业结构，就必须大力发展高技术产业，用高技术来改造和提升传统产业，以保证产业结构的调整与升级，最终使其能够有效地促进区域 R&D 活动效率的提升。这与李婧等（2009）、尹伟华（2012）等的结论是一致的。

## 第三节　行业 R&D 活动效率的影响因素分析

工业行业 R&D 活动效率及其影响因素的理论和实证研究一直是国内外文献的焦点和难点。国内外学者已从企业规模、市场竞争、行业特征、制度环境等多个视角，力图归纳出影响工业行业 R&D 活动效率的关键因素。同时，工业行业对国民经济的贡献率和拉动力居国民经济各行业之首，是国民经济快速增长的主导力量，也是 R&D 活动的重要执行部门，深入探讨工业行业 R&D 活动效率的影响因素显得至关重要。因此，本节从行业中观角度出发，分析工业行业 R&D 活动效率的影响因素。

### 一、影响因素选取及说明

在国内外相关研究成果的基础上，结合中国工业行业 R&D 活动的特点，本节着重考察企业规模、市场竞争程度、企业所有权结构、外商直接投资等外部环境因素对工业行业 R&D 活动创新效率的影响。

企业规模：企业规模与 R&D 活动效率的关系尚存较大的争论。一般而言，企业规模越大，资金实力越强，人员素质和管理水平也相对较高，从而能够承受 R&D 创新的高风险；同时，规模较大的企业能够整合企业内部和外部的各种资源，形成创新和生产的规模效益，具有独占创新收益的实力。这些因素都为规模较大的企业进行 R&D 创新活动提供了动力因素和必要条件。Soete（1979）、Cohen 和 Klepper（1996）、Chen 等（2004）支持了上述结论，认为企业 R&D 创新效率的改善需要一定的规模经济性，即大型企业的成本分摊优势能使其具有更强的创新能力；但 Scherer（1965）却发现企业规模超过一定临界点后，企业规模和 R&D 创新之间呈现出先下降、再上升的 U 型关系，即相对于规模较大或较小的企业而言，中等规模企业的 R&D 活动效率最低，后来 Bound（1984）、Cremer 等（1978）、Pavitt 等（1987）也都得出了类似的结论。为了能够得到更加稳定、可靠的估计结果，本书使用各行业平均销售收入（工业企业销售收入/企业数，QY1）和各行业平均总产值（工业企业总产值/企业数，QY2）来衡量企业规模。

市场竞争（SC）：国内外学者关于市场竞争对 R&D 活动效率的影响也是意见不一。Schumpeter（1943）认为垄断或高市场集中度的企业具有垄断排他性权利，这在一定程度上保障了 R&D 创新行为的经济回报，因而由 R&D 创新活动带来的垄断利润的预期收益成为对 R&D 活动的激励，同时，超额的垄断利润也为 R&D 活动提供了必要的资金，使企业更有能力支持有风险投资的 R&D 活动，从而推动 R&D 活动高效发展。Horowitz（1962）、Hamberg（1964）、Cave 和 Uekus（1976）等也发现垄断与 R&D 创新活动之间存在正相关关系，有力地支持了 Schumpeter 的观点；Fellner（1951）、Arrow（1961）、Mansfield（1968）、Mukhopadhyay（1985）等的研究否定了 Schumpeter 的观点，他们认为垄断企业没有市场竞争的压力，即使不用改进生产技术，也可以获得高额的垄断利润，从而失去进行 R&D 创新的动力，抑制 R&D 活动的发展。而完全竞争性的市场环境会给企业带来更大的激励，利润最大化迫使企业不断进行 R&D 创新，以提高劳动生产率，促进 R&D 创新效率的提高。本节采用各行业企业数所占比重（SC）来衡量市场竞争程度。

企业所有权结构：由于中国正处于经济转型的关键时期，制度因素特别是产权结构或所有制性质对 R&D 活动效率的影响具有更加特殊的意义，大部分学者认为国有产权比非国有产权的 R&D 活动效率更低（刘贵鹏等，2012；吴延兵，2008；Jefferson 等，2004；Zhang 等，2003；Baumol，2002；Qian 和 Xu，1998；姚洋，1998）。虽然国有企业享受许多国家科技优惠政策，有着较好的资源优势，但是国有企业缺乏有效的激励机制、监督机制和经理选择机制，且也存在严重的委托代理问题，这些因素导致了国有企业没有进行 R&D 创新活动和提高相应效率的动力，从而使得国有企业 R&D 创新能力和效率普遍存在低下的现象。相反，非国有企业由于不具备这些政策和资源优势，为了能在市场竞争中处于有利地位，激励竞争机制反而会促使其更加注重自主创新能力的提升。同样，为了能够得到更加稳定、可靠的估计结果，本书使用各行业国有工业企业总产值比重（国

有工业企业总产值/全部工业总产值，GY1）和各行业国有工业企业固定资产净值比重（国有工业企业固定资产净值/全部工业固定资产净值，GY2）来衡量企业所有权结构。

外商直接投资：外商直接投资对 R&D 活动效率的影响也存在较大的争议。一方面，由于外资的进入，使得本土企业产生了一定的技术依赖性，从而导致自主研发能力下降，企业发展的后劲严重不足。同时，外资的流入也冲击了本土企业的生产规模和利润水平，容易引起本土品牌流失，给本土企业的发展设置了障碍，这些因素共同抑制了 R&D 活动效率的提升（王春法，2004；董书礼，2004；姜奇平，2004）。另一方面，在外资流入的竞争压力下，本土企业为了在竞争中不处于劣势，必然会增加 R&D 投入，以提高企业的创新能力，或者通过潜在的溢出效应，学习外资企业先进的 R&D 管理经验，从而大大提升本土企业的 R&D 活动效率（胡祖六，2004；张海洋等，2004）。本书采用各行业三资企业总产值比重（三资企业总产值/全部工业总产值，FDI）来衡量外商直接投资。

基于中国各行业的 R&D 活动效率数据，我们选取 2003～2008 年共六年的相关影响因素数据，数据主要来源于《中国科技统计年鉴》（2004～2012）、各省统计年鉴（2004～2012）和《中国统计年鉴》（2004～2012）。具体来说，包括 2003～2008 年各行业的工业企业销售收入（万元）、工业企业总产值（万元）、企业数（个）、国有工业企业总产值（亿元）、国有工业企业固定资产净值（亿元）、三资企业总产值（亿元）等。

## 二、R&D 活动效率的影响因素分析

通过中国工业行业 R&D 活动效率的测算，我们发现不同时期的工业行业表现出不同的效率特征，然而为何会出现这种结果，仅仅依靠 R&D 活动效率的评价和分析是难以获知的。只有对 R&D 活动效率的影响因素进行分析，才能从更深入的层次上探讨产生这种结果的原因，从而采取相应的政策以促进 R&D 活动效率的提升。根据影响因素衡量指标的不同，本节估计了四个具有随机效应的面板 Tobit 模型进行中国工业行业 R&D 活动效率影响因素分析。具体结果如表 6－2 所示。

**表 6－2　中国工业行业 R&D 活动效率的影响因素分析**

| 变量 | 模型（1） | 模型（2） | 模型（3） | 模型（4） |
|---|---|---|---|---|
| 常数项 | 0.2526415***<br>(0.0933517) | 0.2622151***<br>(0.0885129) | 0.2459253***<br>(0.0926677) | 0.2577797***<br>(0.0889549) |
| QY1 | 0.0204124**<br>(0.0097051) | 0.0168686*<br>(0.0093559) | — | — |

续表

| 变量 | 模型（1） | 模型（2） | 模型（3） | 模型（4） |
| --- | --- | --- | --- | --- |
| QY2 | — | — | 0.025020*<br>（0.0131982） | 0.0196873#<br>（0.0126279） |
| GY1 | -0.2550010**<br>（0.1302340） | — | -0.2509201*<br>（0.1298530） | — |
| GY2 | — | -0.2128830**<br>（0.0944256） | — | -0.2095741**<br>（0.0943421） |
| SC | 0.0125166<br>（0.0128152） | 0.0118933<br>（0.0126400） | 0.0127669<br>（0.0128417） | 0.0119774<br>（0.0126635） |
| FDI | 0.4098029**<br>（0.2006817） | 0.4189303**<br>（0.1851707） | 0.4165267**<br>（0.1997148） | 0.4236468**<br>（0.1850729） |
| 个体效应标准差 | 0.1777322***<br>（0.0246112） | 0.1745452***<br>（0.0231019） | 0.1773136***<br>（0.0244836） | 0.1742038***<br>（0.0230653） |
| 随机干扰项标准差 | 0.1172947***<br>（0.0064123） | 0.1173704***<br>（0.0063499） | 0.1176149***<br>（0.006424） | 0.1176837***<br>（0.006366） |
| RHO | 0.6966036<br>（0.0651331） | 0.6886249<br>（0.0627124） | 0.6944505<br>（0.0651684） | 0.6866385<br>（0.0629468） |
| 似然比检验（卡方） | 26.20*** | 27.75*** | 25.43*** | 26.96*** |
| 对数似然值 | 95.340779 | 95.830852 | 94.943866 | 95.428284 |

注：***、**、*、#分别表示在1%、5%、10%、12%的水平下显著；括号内数据表示系数标准差；RHO值代表个体效应的方差占总方差的比例。

由表6-2可知，模型（1）~模型（4）的RHO值均在0.68以上，说明各工业行业R&D活动效率的变化基本上是由个体效应的变化所引起的。似然比检验统计量均通过1%的显著性水平检验，这表明应拒绝“不存在个体效应”的零假设，即随机效应面板Tobit模型比混合Tobit模型更适合本书的研究。模型的随机干扰项标准差和个体效应标准差均较小，而对数似然值却相对较大，这些可以看出上述模型的整体拟合优度都较好。同时，模型（1）~模型（4）并没有因为某些影响因素衡量指标的选取不同而回归系数发生较大的变化，因此，本书的结论具有一定的稳定性和可靠性，可以用来进行中国工业行业R&D活动效率的影响因素分析。

企业规模对工业行业R&D活动效率具有正向影响，且在12%的置信水平上显著，这表明企业规模越大的行业，R&D活动的创新效率水平越高，自主创新能力就越强。同时，两个企业规模变量，即平均销售收入（QY1）和平均总产值（QY2），其估计系数并没有因为衡量指标选取的不同而发生较大的变化，这说明

企业规模的正向影响是非常稳定的。由于规模较大的企业一般拥有雄厚的资金实力和较高的人员素质与管理水平，且存在良好的规模经济和范围经济，这些优势条件有力地保证了大企业 R&D 活动的顺利开展。同时，大企业的垄断力量也可以有效地缓解 R&D 创新投入带来的风险，具有持久获取创新收益的实力，这也促使大企业比小企业更加热衷参与 R&D 创新活动。这一结论与朱有为和徐康宁（2006）、刘贵鹏等（2012）、周凡磬等（2012）的研究结论是一致的。

两个企业所有权结构变量，即国有工业企业总产值比重（GY1）和国有工业企业固定资产净值比重（GY2），对工业行业的 R&D 活动效率具有稳定的负影响，且均通过 10% 的显著性检验，这表明国有产权对工业行业的 R&D 活动效率具有明显的抑制作用，即国有企业的 R&D 活动效率要比非国有企业更低，这与姚洋（1998）、Zhang 等（2003）、吴延兵（2006）、戴魁早（2011）等的结论是相同的。一方面，国有企业属于高度政企合一的企业，其生产经营很大程度上受到国家计划和政治偏好的影响，具有被动性和受约束性，且存在严重的委托代理问题（政企不分、委托代理层次过多、终极所有者缺位等），缺乏长期有效的激励机制和监督机制，从而导致其 R&D 活动创新效率相对较低；另一方面，国有企业长期处于政府的保护之下，享受国家科技方面的许多优惠政策，拥有垄断优势，具有典型的进入壁垒，但缺乏市场竞争意识，这也使其缺乏进行 R&D 活动创新和提高相应效率的动力。

关于市场竞争对工业行业 R&D 活动效率的影响，上述模型的估计结果并不能提供明确的结论。在回归模型（1）~模型（4）中，该变量的估计系数均未通过显著性检验。尽管市场竞争变量的回归系数并不显著，但其估计系数符号均为正，这在一定程度上暗示良性的市场竞争有利于工业行业 R&D 活动效率的提升。市场竞争作为科技进步和行业发展运行的外部动力，可以促使部分企业积极开展 R&D 创新活动，进而提升现有生产技术，降低企业生产成本，并获取超额利润。而行业内其他企业迫于竞争压力，也必须进行技术追赶，参与研发新的生产技术，以实现更低的生产成本。在市场竞争的推动下，企业进行 R&D 创新活动步入了良性循环的状态。但无序的市场竞争也会损害 R&D 活动的利益，如虚假标识、无偿模仿、技术窃取等，这在一定程度上会削弱 R&D 创新活动的动力，从而降低 R&D 创新活动的投入力度。因此，现阶段应该把激发市场活力、引导市场良性竞争作为提高 R&D 活动效率的一项重要措施。

外商直接投资的估计系数为正，且均通过 5% 的显著性检验，这表明外商直接投资对 R&D 活动效率的提高具有显著的正向推动作用，即外商直接投资规模越大的行业，其 R&D 活动的创新效率水平相应地越高，这与中国的现实具有一致性。一方面，在外商直接投资进入的竞争压力下，国内企业为了在竞争中不处于劣势，必然会增加 R&D 资源投入，以提高企业的创新能力；另一方面，国内企业通过模仿外商直接投资所带来的国外先进生产技术和创新管理经验等，可以有效地促进国内企业的技术进步，并提高国内企业的自主研发能力，进而提高 R&D 活动效率。同时，外商直接投资还可以通过合资的方式，帮助国内企业建立良好的科研环境和用人机制，这样可以有效地抑制国内优秀人才的外流，留住并吸引大量的海外高科技人才，而这些稀缺的创新人力资源也将极大地提高国内相关产业的 R&D 活动创新效率。

# 第七章　中国 R&D 活动的全要素生产率分析

前述网络 SBM 视窗分析模型与传统的 DEA 模型一样主要是用于截面数据的静态评价，即对被评价的 DMU 与同期（同一时间）的其他 DMU 进行比较。而 Malmquist 指数则更多地倾向于对 DMU 效率的动态分析，这在一定程度上克服了只能静态评价的缺陷。

## 第一节　网络 Malmquist 指数模型

### 一、Malmquist 指数

Malmquist 指数最早是由瑞典统计学家、经济学家 Sten Malmquist（1953）在研究不同时期消费变化时提出的。Caves 等（1982）受此启发，将 Malmquist 指数作为生产率指数，通过距离函数的比值构造出生产率指数，并由此来分析生产力的变动情况。但由于缺乏合适的距离函数度量方法，致使该方法在很长一段时间内没有得到广泛运用。直到 Charnes 等（1978）提出的数据包络分析法（DEA）理论可以通过线性规划方法来度量距离函数后，Malmquist 指数才被广泛地应用到动态效率评价中。

Malmquist 指数表示从 t 期到 t+1 期决策单元（DMU）生产率的变化程度。Malmquist 指数构造的关键是距离函数，投入距离函数可以看作是实际生产点 $(x^t, y^t)$ 向理想的最小投入点压缩的比例。Malmquist 指数的测算需要构造四个距离函数 $D^t(x^t, y^t)$、$D^t(x^{t+1}, y^{t+1})$、$D^{t+1}(x^t, y^t)$、$D^{t+1}(x^{t+1}, y^{t+1})$。

$D_0{}^t(x^t, y^t) = \min\theta$

$$\text{s.t.}\begin{cases}\sum_{j=1}^{n} X_j^t \lambda_j^t + s^{-0} = \theta X_0^t \\ \sum_{j=1}^{n} Y_j^t \lambda_j^t - s^{+0} = Y_0^t \\ \lambda_j^t \geqslant 0, j = 1, 2, \cdots, n \\ s^{-0} \geqslant 0, s^{+0} \geqslant 0\end{cases} \tag{7-1}$$

$D_0{}^t(x^{t+1}, y^{t+1}) = \min\theta$

$$\text{s.t.}\begin{cases}\sum_{j=1}^{n} X_j^t \lambda_j^t + s^{-0} = \theta X_0^{t+1} \\ \sum_{j=1}^{n} Y_j^t \lambda_j^t - s^{+0} = Y_0^{t+1} \\ \lambda_j^t \geqslant 0, j = 1, 2, \cdots, n \\ s^{-0} \geqslant 0, s^{+0} \geqslant 0\end{cases} \tag{7-2}$$

$D_0{}^{t+1}(x^t, y^t) = \min\theta$

$$\text{s.t.}\begin{cases}\sum_{j=1}^{n} X_j^{t+1} \lambda_j^{t+1} + s^{-0} = \theta X_0^t \\ \sum_{j=1}^{n} Y_j^{t+1} \lambda_j^{t+1} - s^{+0} = Y_0^t \\ \lambda_j^{t+1} \geqslant 0, j = 1, 2, \cdots, n \\ s^{-0} \geqslant 0, s^{+0} \geqslant 0\end{cases} \tag{7-3}$$

$D_0{}^{t+1}(x^{t+1}, y^{t+1}) = \min\theta$

$$\text{s.t.}\begin{cases}\sum_{j=1}^{n} X_j^{t+1} \lambda_j^{t+1} + s^{-0} = \theta X_0^{t+1} \\ \sum_{j=1}^{n} Y_j^{t+1} \lambda_j^{t+1} - s^{+0} = Y_0^{t+1} \\ \lambda_j^{t+1} \geqslant 0, j = 1, 2, \cdots, n \\ s^{-0} \geqslant 0, s^{+0} \geqslant 0\end{cases} \tag{7-4}$$

根据 Caves 等（1982）的研究，分别以 t 期和 t+1 期的生产前沿为参照技术，则 t 期和 t+1 期的 Malmquist 生产率指数分别表示为：

$$MPI^t = \frac{D^t(x^{t+1}, y^{t+1})}{D^t(x^t, y^t)} \tag{7-5}$$

$$MPI^{t+1} = \frac{D^{t+1}(x^{t+1}, y^{t+1})}{D^{t+1}(x^t, y^t)} \tag{7-6}$$

为了避免基准混淆，Fare 等（1989）按照 Fisher 理想指数的构造方法，采用两个不同时期的几何平均值来计算 Malmquist 生产率指数：

$$MPI(x^{t+1}, y^{t+1}; x^t, y^t) = \left[\left(\frac{D^t(x^{t+1}, y^{t+1})}{D^t(x^t, y^t)}\right)\left(\frac{D^{t+1}(x^{t+1}, y^{t+1})}{D^{t+1}(x^t, y^t)}\right)\right]^{\frac{1}{2}} \quad (7-7)$$

如果 Malmquist 指数大于 1，则表明 t + 1 期的全要素生产率水平较上一期实现了增长；如果 Malmquist 指数小于 1，则表明生产率水平出现了下降；如果 Malmquist 指数等于 1，则表明生产率没有发生变化。

基于固定规模报酬（CRS）假设条件，Malmquist 指数可以进行如下分解：

$$MPI(x^{t+1}, y^{t+1}; x^t, y^t)$$

$$= \frac{D_c^{t+1}(x^{t+1}, y^{t+1})}{D_c^t(x^t, y^t)} \times \left[\left(\frac{D_c^t(x^{t+1}, y^{t+1})}{D_c^{t+1}(x^{t+1}, y^{t+1})}\right)\left(\frac{D_c^t(x^t, y^t)}{D_c^{t+1}(x^t, y^t)}\right)\right]^{\frac{1}{2}}$$

$$= EC \times TC \quad (7-8)$$

其中，技术效率变动指数（EC）衡量的是从 t 期到 t + 1 期的相对效率的变化程度，又称作“追赶效应”，EC > 1 表示效率提高，EC = 1 表示效率不变，EC < 1 表示效率下降；技术进步变动指数（TC）衡量的是生产技术边界的推移程度，又称作“前沿面移动效应”，TC > 1 表示技术进步，TC = 1 表示技术不变，TC < 1 表示技术衰退。

Fare 等（1994，简称 FGNZ 模型）在计算距离函数时允许规模报酬可变（VRS），即在计算距离函数时增加约束 $e\lambda^{(t)} = 1$（或 $e\lambda^{(t+1)} = 1$），则技术效率变动指数（EC）还可以进一步进行分解：

$$PEC = \frac{D_v^{t+1}(x^{t+1}, y^{t+1})}{D_v^t(x^t, y^t)} \quad (7-9)$$

$$SE = \frac{D_c^{t+1}(x^{t+1}, y^{t+1})}{D_v^{t+1}(x^{t+1}, y^{t+1})} \times \frac{D_v^t(x^t, y^t)}{D_c^t(x^t, y^t)} \quad (7-10)$$

其中，PEC 为纯技术效率变动指数，SE 为规模效率变动指数。

由于 FGNZ 模型存在对全要素生产率分解上的内在逻辑不一致性，即技术效率、规模效率是基于 VRS，而技术进步却是基于 CRS。基于此，Ray 和 Desli（1997，简称 RD 模型）对 FGNZ 模型进行了修正，提出了基于完全 VRS 假设的 Malmquist 指数分解模型。Lovell（2003）从理论的角度再次肯定了 RD 模型的准确性。基于完全 VRS 假设的 Malmquist 指数分解与前文网络 DEA 模型假设条件的检验结果相一致。

## 二、网络 Malmquist 指数

本书综合考虑上述 Malmquist 指数理论和 R&D 活动的内部分解过程，对网络 SBM 模型的 Malmquist 指数及其分解进行过程推导。在计算网络 SBM 模型的

Malmquist 指数之前，依然需要构造出 $D^t(x^{1,t}, x^{2,t}, z^t, y^{1,t}, y^{2,t})$、$D^t(x^{1,t+1}, x^{2,t+1}, z^{t+1}, y^{1,t+1}, y^{2,t+1})$、$D^{t+1}(x^{1,t}, x^{2,t}, z^t, y^{1,t}, y^{2,t})$、$D^{t+1}(x^{1,t+1}, x^{2,t+1}, z^{t+1}, y^{1,t+1}, y^{2,t+1})$ 四个基本的距离函数。

求解 $D^t(x_0^{1,t}, x_0^{2,t}, z_0^t, y_0^{1,t}, y_0^{2,t})$ 的基于投入导向型的网络 SBM 模型：

$$D^t(x_0^{1,t},x_0^{2,t},z_0^t,y_0^{1,t},y_0^{2,t}) = \min_{\lambda^k,s^{k-}} \sum_{k=1}^{K} w^k\left[1 - \frac{1}{M_k}\left(\sum_{i=1}^{M_k}\frac{s_i^{(k,t)-}}{x_{i0}^{k,t}}\right)\right]$$

$$\text{s.t.}\begin{cases} X_0^{1,t} = X^{1,t}\lambda^{(1,t)} + s^{(1,t)-} \\ Y_0^{1,t} = Y^{1,t}\lambda^{(1,t)} - s^{(1,t)+} \\ X_0^{2,t} = X^{2,t}\lambda^{(2,t)} + s^{(2,t)-} \\ Y_0^{2,t} = Y^{2,t}\lambda^{(2,t)} - s^{(2,t)+} \\ Z^t\lambda^{(1,t)} = Z^t\lambda^{(2,t)} \\ \sum_{k=1}^{K} w^k = 1 \\ \lambda^{(k,t)} \geqslant 0, s^{(k,t)-} \geqslant 0, s^{(k,t)+} \geqslant 0 \end{cases} \tag{7-11}$$

求解 $D^t(x^{1,t+1}, x^{2,t+1}, z^{t+1}, y^{1,t+1}, y^{2,t+1})$ 的基于投入导向型的网络 SBM 模型：

$$D^t(x_0^{1,t+1},x_0^{2,t+1},z_0^t,y_0^{1,t+1},y_0^{2,t+1}) = \min_{\lambda^k,s^{k-}} \sum_{k=1}^{K} w^k\left[1 - \frac{1}{M_k}\left(\sum_{i=1}^{M_k}\frac{s_i^{(k,t)-}}{x_{i0}^{k,t}}\right)\right]$$

$$\text{s.t.}\begin{cases} X_0^{1,t+1} = X^{1,t}\lambda^{(1,t)} + s^{(1,t)-} \\ Y_0^{1,t+1} = Y^{1,t}\lambda^{(1,t)} - s^{(1,t)+} \\ X_0^{2,t+1} = X^{2,t}\lambda^{(2,t)} + s^{(2,t)-} \\ Y_0^{2,t+1} = Y^{2,t}\lambda^{(2,t)} - s^{(2,t)+} \\ Z^t\lambda^{(1,t)} = Z^t\lambda^{(2,t)} \\ \sum_{k=1}^{K} w^k = 1 \\ \lambda^{(k,t)} \geqslant 0, s^{(k,t)-} \geqslant 0, s^{(k,t)+} \geqslant 0 \end{cases} \tag{7-12}$$

求解 $D^{t+1}(x^{1,t}, x^{2,t}, z^t, y^{1,t}, y^{2,t})$ 的基于投入导向型的网络 SBM 模型：

$$D^{t+1}(x_0^{1,t},x_0^{2,t},z_0^t,y_0^{1,t},y_0^{2,t}) = \min_{\lambda^k,s^{k-}} \sum_{k=1}^{K} w^k\left[1 - \frac{1}{M_k}\left(\sum_{i=1}^{M_k}\frac{s_i^{(k,t+1)-}}{x_{i0}^{k,t+1}}\right)\right]$$

$$s.t.\begin{cases}X_0^{1,t}=X^{1,t+1}\lambda^{(1,t+1)}+s^{(1,t+1)-}\\Y_0^{1,t}=Y^{1,t+1}\lambda^{(1,t+1)}-s^{(1,t+1)+}\\X_0^{2,t}=X^{2,t}\lambda^{(2,t+1)}+s^{(2,t+1)-}\\Y_0^{2,t}=Y^{2,t}\lambda^{(2,t+1)}-s^{(2,t+1)+}\\Z^{t+1}\lambda^{(1,t+1)}=Z^{t+1}\lambda^{(2,t+1)}\\\sum_{k=1}^{K}w^k=1\\\lambda^{(k,t+1)}\geqslant 0,s^{(k,t+1)-}\geqslant 0,s^{(k,t+1)+}\geqslant 0\end{cases}\qquad(7-13)$$

求解 $D^{t+1}$（$x^{1,t+1}$，$x^{2,t+1}$，$z^{t+1}$，$y^{1,t+1}$，$y^{2,t+1}$）的基于投入导向型的网络 SBM 模型：

$$D^{t+1}(x_0^{1,t+1},x_0^{2,t+1},z_0^{t+1},y_0^{1,t+1},y_0^{2,t+1})=\min_{\lambda^k,s^{k-}}\sum_{k=1}^{K}w^k\left[1-\frac{1}{M_k}\left(\sum_{i=1}^{M_k}\frac{s_i^{(k,t+1)-}}{x_{i0}^{k,t+1}}\right)\right]$$

$$s.t.\begin{cases}X_0^{1,t+1}=X^{1,t+1}\lambda^{(1,t+1)}+s^{(1,t+1)-}\\Y_0^{1,t+1}=Y^{1,t+1}\lambda^{(1,t+1)}-s^{(1,t+1)+}\\X_0^{2,t+1}=X^{2,t}\lambda^{(2,t+1)}+s^{(2,t+1)-}\\Y_0^{2,t+1}=Y^{2,t}\lambda^{(2,t+1)}-s^{(2,t+1)+}\\Z^{t+1}\lambda^{(1,t+1)}=Z^{t+1}\lambda^{(2,t+1)}\\\sum_{k=1}^{K}w^k=1\\\lambda^{(k,t+1)}\geqslant 0,s^{(k,t+1)-}\geqslant 0,s^{(k,t+1)+}\geqslant 0\end{cases}\qquad(7-14)$$

基于完全 VRS 假设条件的 RD 模型思想，网络 SBM－Malmquist 指数及其分解的表达式可以写成：

$$MPI(x^{1,t+1},\ x^{2,t+1},\ z^{t+1},\ y^{1,t+1},\ y^{2,t+1};\ x^{1,t},\ x^{2,t},\ z^{t},\ y^{1,t},\ y^{2,t})$$
$$=TC\times PEC\times SE\qquad(7-15)$$

其中，$TC=\left[\left(\frac{D_v^t(x^{1,t+1},x^{2,t+1},z^{t+1},y^{1,t+1},y^{2,t+1})}{D_v^{t+1}(x^{1,t+1},x^{2,t+1},z^{t+1},y^{1,t+1},y^{2,t+1})}\right)\left(\frac{D_v^t(x^{1,t},x^{2,t},z^t,y^{1,t},y^{2,t})}{D_v^{t+1}(x^{1,t},x^{2,t},z^t,y^{1,t},y^{2,t})}\right)\right]^{\frac{1}{2}}$；

$$SE=\left[\left(\frac{D_c^{t+1}(x^{1,t+1},x^{2,t+1},z^{t+1},y^{1,t+1},y^{2,t+1})}{D_v^{t+1}(x^{1,t+1},x^{2,t+1},z^{t+1},y^{1,t+1},y^{2,t+1})}\times\frac{D_v^t(x^{1,t},x^{2,t},z^t,y^{1,t},y^{2,t})}{D_c^t(x^{1,t},x^{2,t},z^t,y^{1,t},y^{2,t})}\right)\right.$$
$$\left.\left(\frac{D_c^t(x^{1,t+1},x^{2,t+1},z^{t+1},y^{1,t+1},y^{2,t+1})}{D_v^t(x^{1,t+1},x^{2,t+1},z^{t+1},y^{1,t+1},y^{2,t+1})}\times\frac{D_v^{t+1}(x^{1,t},x^{2,t},z^t,y^{1,t},y^{2,t})}{D_c^{t+1}(x^{1,t},x^{2,t},z^t,y^{1,t},y^{2,t})}\right)\right]^{\frac{1}{2}};$$

$$PEC=\frac{D_v^{t+1}(x^{1,t+1},x^{2,t+1},z^{t+1},y^{1,t+1},y^{2,t+1})}{D_v^t(x^{1,t},x^{2,t},z^t,y^{1,t},y^{2,t})}。$$

正如 Ray 和 Desli（1997）以及 Fair 等（1997）所指出的，上述模型可能存在部分无可行解的情况，但幸好这种情况在现实分析中并不多，本书按照章祥荪和贵斌威（2008）的做法，用 1 代替无可行解的情况。

在计算 R&D 活动整体效率过程中，同时可得到两个子过程的相应效率。因此，同理可以计算出两个子过程的 Malmquist 指数及其分解指数。

## 第二节　区域 R&D 活动的全要素生产率分析

### 一、R&D 活动的全要素生产率分析

基于 VRS 假设的网络 SBM 模型的 Malmquist 指数方法，可测算出 2001 ~ 2008 年中国区域 R&D 活动的全要素生产率指数（MPI）、技术进步变化指数（TC）、技术效率变化指数（PEC）、规模效率变化指数（SE），如表 7 - 1 所示。

表 7 - 1　2001 ~ 2008 年中国区域 R&D 活动全要素生产率指数及其分解

| 年份 | TC | PEC | SE | MPI |
|---|---|---|---|---|
| 2002 ~ 2001 | 1.0118 | 1.1253 | 1.0506 | 1.1962 |
| 2003 ~ 2002 | 0.8769 | 1.2279 | 0.9892 | 1.0651 |
| 2004 ~ 2003 | 1.2128 | 1.1056 | 1.1161 | 1.4965 |
| 2005 ~ 2004 | 0.9460 | 1.0649 | 0.9894 | 0.9968 |
| 2006 ~ 2005 | 1.1297 | 0.8854 | 1.0065 | 1.0068 |
| 2007 ~ 2006 | 1.1677 | 0.8947 | 0.9878 | 1.0319 |
| 2008 ~ 2007 | 0.8848 | 1.1420 | 1.0730 | 1.0842 |
| 2001 ~ 2008 均值 | 1.0249 | 1.0568 | 1.0293 | 1.1149 |
| 2004 ~ 2008 均值 | 1.0601 | 1.0127 | 1.0333 | 1.1094 |

注：表中各项指数减去 1，即为各项指标的增长率。

由表 7 - 1 可知，2001 ~ 2008 年中国区域 R&D 活动全要素生产率基本保持正的增长态势，年均增长率达到 11.49%。同时，技术进步变化指数、技术效率变化指数、规模效率变化指数也均呈现出正的增长态势，年均增长率分别为 2.49%、5.68% 和 2.93%，这些表明中国区域 R&D 活动全要素生产率的增长是由技术进步、技术效率和规模效率共同推动的结果，这与白俊红等（2010）的结

论是基本一致的。但是由于技术进步的年均增幅要显著低于技术效率，这是否就意味着中国未来 R&D 活动全要素生产率增长的动力主要依靠技术效率，而非技术进步呢？通常近期的观察值最能反映事物未来的变动趋势，所以我们重新考察最近五年的 R&D 活动全要素生产率指数及分解情况。2004～2008 年中国 R&D 活动 MPI、TC、PEC、SE 均保持正的增长态势，其年均增长率分别为 10.94%、6.01%、1.27%、3.33%，由此可见，技术进步对提升中国未来的 R&D 活动全要素生产率增长具有非常重要的促进作用。同时，相对于整个考察期而言，最近五年的技术效率变化指数有所下降，而规模效率变化指数却有所上升，这主要是因为近年来随着科技发展战略的有效实施，中国不断加强 R&D 资源的投入力度，使得 R&D 创新规模不断扩大，其规模经济性得到逐步提高，但由于缺乏科学的制度安排及管理创新，这又进一步制约了技术效率的相应提升。

由变化趋势可以看出（见图 7－1），2001～2008 年中国区域 R&D 活动全要素生产率虽然基本呈现出正的增长态势，但期间也出现了一次短暂的衰退，即 2005～2004 年的全要素生产率衰退主要是由技术的退步、规模效率的恶化共同引起的，这表明中国区域 R&D 活动全要素生产率的增长并不是非常稳定的。考察期内，除了 2002～2001 年、2004～2003 年中国区域 R&D 活动全要素生产率表现为技术进步、技术效率、规模效率的共同驱动外，大部分时期表现为技术进步与技术效率之间此消彼长的过程：当技术进步促进 R&D 全要素生产率增长时，总会遇到技术效率恶化抑制 R&D 全要素生产率的增长，或者是当技术效率提升促进 R&D 全要素生产率增长时，总会遇到技术退步制约 R&D 全要素生产率的增长。具体来看，2003～2002 年、2005～2004 年 R&D 全要素生产率增长表现为技术效率的单因素推动，而技术进步、规模效率对其增长具有明显的抑制作用；2006～2005 年 R&D 全要素生产率增长表现为技术进步、规模效率的共同驱动，

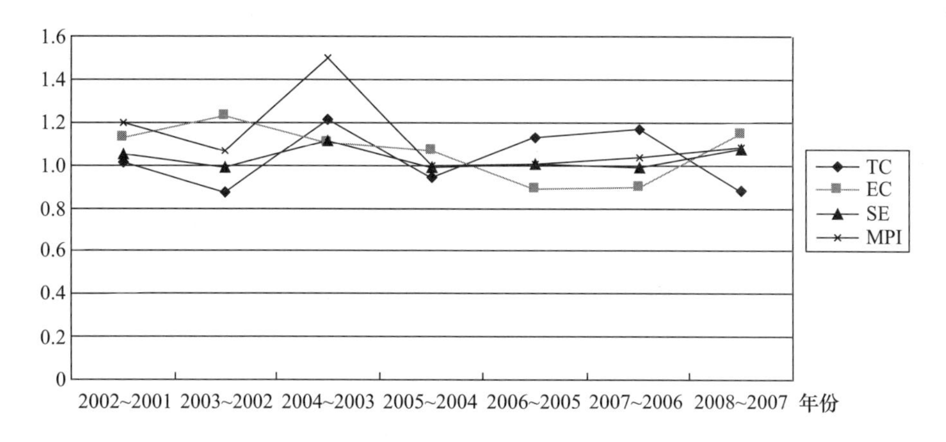


**图 7－1　2001～2008 年中国区域 R&D 活动全要素生产率指数及其分解**

而技术效率对其增长具有显著的负向影响；2007～2006 年 R&D 全要素生产率增长表现为技术进步的促进作用，以及技术效率、规模效率的抑制作用；2008～2007 年 R&D 全要素生产率增长表现为技术效率、规模效率的推动作用，以及技术进步的制约作用。再从 R&D 活动全要素生产率指数构成的相关性检验来看，技术进步变化指数与技术效率变化指数也是相互背离的，两者之间呈现出显著的负相关关系，其 Spearman's rho、Kendall's tau_ b 相关系数分别高达 -0.679、-0.524，这些表明中国区域 R&D 活动对现有技术的推广和扩散还不太成功（白少君等，2011）。

由表 7-2 可知，考察期内，中国各省区 R&D 活动全要素生产率也基本表现出明显的增长态势，仅仅只有天津（0.9990）和海南（0.9614）表现出微弱的下降态势。各省区 R&D 活动全要素生产率的标准差系数为 0.0656，且最大值为 1.3047，最小值为 0.9614，这些表明中国各省区 R&D 活动全要素生产率变动存在一定的区域差异。R&D 活动全要素生产率增幅较高的省市包括河南（1.1653）、重庆（1.1656）、湖南（1.1797）、吉林（1.1888）、新疆（1.3031）、广西（1.3047），其年均增长率超过 16.5%，而福建（1.0012）、山西（1.0226）、云南（1.0582）3 个省份的 R&D 活动全要素生产率增幅却相对较低，其年均增长率不超过 5.9%。相对于技术效率变化指数、规模效率变化指数，在 30 个省份中有 25 个省区的技术进步实现了提升，即大部分省份的技术进步变化指数均值大于 1，表明技术进步是各省份全要素生产率增长的主要原因。具体来看，报告期内不同省份 R&D 活动全要素生产率增长存在显著差异：江西、重庆、四川、云南、陕西、甘肃表现为技术进步、技术效率和规模效率共同驱动的结果；天津、山西、福建表现为技术进步的促进作用，以及技术效率和规模效率的抑制作用；河北、内蒙古、辽宁、吉林、黑龙江、江苏、浙江、安徽、山东、河南、湖北、湖南、广西表现为技术进步、技术效率的双因素驱动，以及规模效率的制约作用；贵州、青海、新疆表现为技术效率、规模效率的共同推动，以及技术进步的抑制作用等。

**表 7-2 各省份 R&D 活动全要素生产率指数及其分解**

| 地区 | TC | PEC | SE | MPI |
|---|---|---|---|---|
| 北京 | 1.0000 | 1.0000 | 1.0658 | 1.0658 |
| 天津 | 1.0572 | 0.9680 | 0.9762 | 0.9990 |
| 河北 | 1.0370 | 1.0811 | 0.9900 | 1.1099 |
| 山西 | 1.0531 | 0.9739 | 0.9970 | 1.0226 |
| 内蒙古 | 1.0751 | 1.0242 | 0.9900 | 1.0901 |

续表

| 地区 | TC | PEC | SE | MPI |
|---|---|---|---|---|
| 辽宁 | 1.0878 | 1.0183 | 0.9929 | 1.0998 |
| 吉林 | 1.0736 | 1.1143 | 0.9937 | 1.1888 |
| 黑龙江 | 1.0541 | 1.0922 | 0.9624 | 1.1080 |
| 上海 | 1.0489 | 0.9666 | 1.0956 | 1.1108 |
| 江苏 | 1.0541 | 1.0874 | 0.9767 | 1.1195 |
| 浙江 | 1.1579 | 1.0817 | 0.8770 | 1.0984 |
| 安徽 | 1.0601 | 1.0464 | 0.9964 | 1.1054 |
| 福建 | 1.0623 | 0.9644 | 0.9773 | 1.0012 |
| 江西 | 1.0105 | 1.0965 | 1.0405 | 1.1528 |
| 山东 | 1.1273 | 1.0500 | 0.9218 | 1.0912 |
| 河南 | 1.0642 | 1.1064 | 0.9898 | 1.1653 |
| 湖北 | 1.0416 | 1.0987 | 0.9947 | 1.1383 |
| 湖南 | 1.0363 | 1.1533 | 0.9871 | 1.1797 |
| 广东 | 1.0000 | 0.9780 | 1.1665 | 1.1408 |
| 广西 | 1.1284 | 1.1642 | 0.9932 | 1.3047 |
| 海南 | 0.9090 | 1.0000 | 1.0576 | 0.9614 |
| 重庆 | 1.0742 | 1.0683 | 1.0157 | 1.1656 |
| 四川 | 1.0373 | 1.1081 | 1.0051 | 1.1552 |
| 贵州 | 0.9672 | 1.1481 | 1.0343 | 1.1485 |
| 云南 | 1.0145 | 1.0248 | 1.0178 | 1.0582 |
| 陕西 | 1.0201 | 1.1065 | 1.0192 | 1.1505 |
| 甘肃 | 1.0630 | 1.0019 | 1.0146 | 1.0807 |
| 青海 | 0.7577 | 1.0748 | 1.3338 | 1.0863 |
| 宁夏 | 0.8751 | 0.9929 | 1.2838 | 1.1156 |
| 新疆 | 0.9008 | 1.1657 | 1.2410 | 1.3031 |
| 均值 | 1.0249 | 1.0568 | 1.0293 | 1.1149 |
| 标准差 | 0.0791 | 0.0616 | 0.0983 | 0.0732 |
| 标准差系数 | 0.0772 | 0.0583 | 0.0955 | 0.0656 |

注：表中各项指数减去1，即为各项指标的增长率；标准差系数 = 标准差/均值。

## 二、科技研发子过程的全要素生产率分析

如表7－3、图7－2所示，对于阶段1而言，即R&D活动的科技研发子过程2001～2008年的全要素生产率年均增幅要明显小于R&D活动整体，其年均增长率为8.92%。其中，2005～2004年的全要素生产率呈现出负增长，主要是由技术的退步、规模效率的恶化共同引起的。报告期内，技术进步变化指数、技术效率变化指数、规模效率变化指数也基本呈现出正的增长态势，年均增长率分别为2.15%、2.98%和3.53%，表明科技研发子过程全要素生产率的增长是由技术进步、技术效率、规模效率共同推动的。具体来看，不同时期的全要素生产率变动原因差异明显：2002～2001年、2003～2002年、2008～2007年全要素生产率的增长主要得益于技术效率、规模效率的改善，但技术进步却对其具有一定的抑制作用；2004～2003年全要素生产率的增长表现为技术进步、技术效率、规模效率共同驱动；2005～2004年全要素生产率的增长表现为技术效率的推动作用，技术进步、规模效率的抑制作用；2006～2005年、2007～2006年全要素生产率的增长表现为技术进步、规模效率的双因素驱动，而同期的技术效率却对其具有显著的抑制作用。

表7－3 2001～2008年科技研发子过程全要素生产率指数及其分解

| 年份 | TC | PEC | SE | MPI |
| --- | --- | --- | --- | --- |
| 2002～2001 | 0.9880 | 1.0997 | 1.0579 | 1.1494 |
| 2003～2002 | 0.9821 | 1.0557 | 1.0015 | 1.0384 |
| 2004～2003 | 1.1740 | 1.0854 | 1.1113 | 1.4161 |
| 2005～2004 | 0.9757 | 1.0033 | 0.9770 | 0.9564 |
| 2006～2005 | 1.0455 | 0.9789 | 1.0131 | 1.0369 |
| 2007～2006 | 1.1129 | 0.9451 | 1.0082 | 1.0605 |
| 2008～2007 | 0.8975 | 1.0502 | 1.0852 | 1.0229 |
| 2001～2008均值 | 1.0215 | 1.0298 | 1.0353 | 1.0892 |
| 2004～2008均值 | 1.0365 | 1.0114 | 1.0378 | 1.0878 |

注：表中各项指数减去1，即为各项指标的增长率。

## 三、经济转化子过程的全要素生产率分析

如表7－4、图7－3所示，对于阶段2而言，即R&D活动的经济转化子过程2001～2008年的全要素生产率年均增长率为21.39%，其增幅要显著大于R&D活

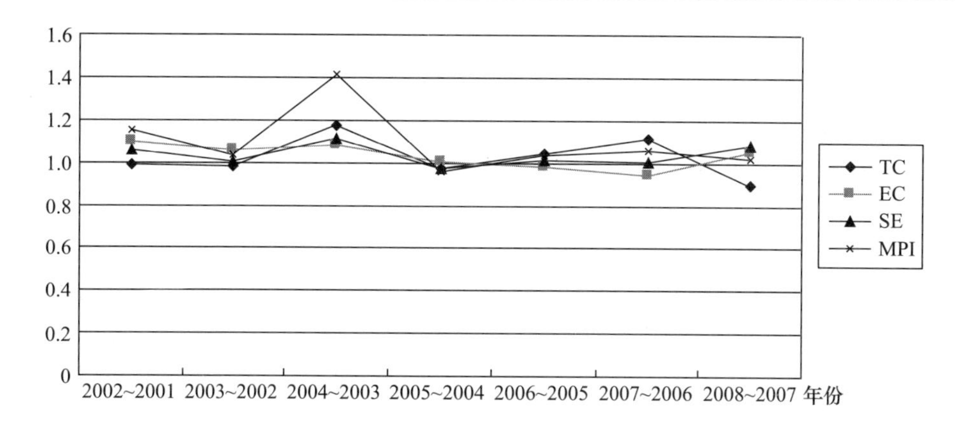


图7-2　2001~2008年科技研发子过程全要素生产率指数及其分解

动整体和科技研发子过程，表明R&D活动全要素生产率增长主要是由于经济转化子过程生产率的快速提升，而不是科技研发子过程。虽然经济转化子过程全要素生产率基本呈现出正的增长态势，但期间也出现了两次短暂的衰退现象：2006~2005年、2007~2006年的全要素生产率衰退主要是由技术效率和规模效率的恶化引起的。考察期内，技术进步变化指数、技术效率变化指数、规模效率变化指数的年均增长率分别为3.32%、13.11%和3.88%，表明经济转化子过程全要素生产率的增长主要得益于技术效率的大幅提升。但这并不意味着未来的经济转化子过程全要素生产率增长就一直主要依靠技术效率的提升。同样，我们也重新考察了最近五年的经济转化子过程全要素生产率指数及其分解情况。2004~2008年经济转化子过程的MPI、TC、PEC、SE均保持正的增长态势，其年均增长率分别为14.75%、10.24%、1.21%、2.85%，由此可见，技术进步才是提高未来经济转化子过程全要素生产率的动力源泉。

表7-4　2001~2008年经济转化子过程全要素生产率指数及其分解

| 年份 | TC | PEC | SE | MPI |
|---|---|---|---|---|
| 2002~2001 | 1.1460 | 1.1500 | 1.1070 | 1.4588 |
| 2003~2002 | 0.6734 | 1.9398 | 1.0245 | 1.3383 |
| 2004~2003 | 1.2870 | 1.1269 | 1.1322 | 1.6420 |
| 2005~2004 | 0.8872 | 1.1863 | 1.0130 | 1.0661 |
| 2006~2005 | 1.2989 | 0.7397 | 0.9802 | 0.9417 |
| 2007~2006 | 1.3030 | 0.8237 | 0.9262 | 0.9941 |
| 2008~2007 | 0.8426 | 1.3037 | 1.1051 | 1.2139 |

续表

| 年份 | TC | PEC | SE | MPI |
|---|---|---|---|---|
| 2001~2008 均值 | 1.0332 | 1.1311 | 1.0388 | 1.2139 |
| 2004~2008 均值 | 1.1024 | 1.0121 | 1.0285 | 1.1475 |

注：表中各项指数减去1，即为各项指标的增长率。

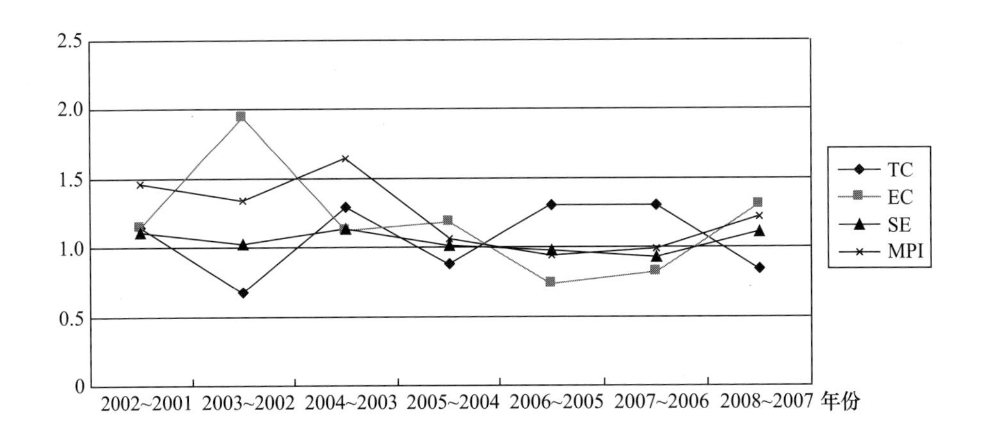


**图7-3　2001~2008年经济转化子过程全要素生产率指数及其分解**

## 四、三大地区的差异分析

根据《中国科技统计年鉴》的划分原则，将中国划分为东部、中部、西部三大地区，并据此对东、中、西部三大地区 R&D 活动的全要素生产率指数及其分解进行差异分析。

表7-5显示出东部、中部、西部三大地区 R&D 活动全要素生产率指数及其分解的差异是相当大的。在全要素生产率变动方面，东部、中部、西部三大地区 R&D 活动的全要素生产率均表现出正的增长态势，其年均增长率分别为7.10%、13.15%、14.81%，这表明西部地区全要素生产率增长是最快的，而东部地区全要素生产率增长是最慢的。具体来看，不同地区全要素生产率增长的原因差异明显：东部地区的全要素生产率增长表现为技术进步、技术效率、规模效率共同驱动的特征；中部地区的全要素生产率增长表现为技术进步、技术效率的促进作用，以及规模效率的抑制作用；西部地区的全要素生产率增长表现为技术效率、规模效率的共同推动，以及技术进步的抑制作用。在技术进步变动方面，东部、中部地区呈现出正的增长态势，其年均增长率分别为4.73%、4.90%，而西部地区却呈现出微弱的下降趋势，其年均增长率为-1.37%。技术效率的变动态势与

全要素生产率非常相似，东部、中部、西部三大地区的技术效率变动也均呈现出正的增长态势，其年均增长率分别为 1.67%、8.40%、7.82%，表明中西部地区的技术效率增长幅度要高于东部地区。中部、西部地区虽然具有较低的技术效率，但是其却具有较大的增长潜力，因此，近年来伴随着 R&D 活动的迅速发展，技术效率得到了较大幅度的提高。需要注意的是，西部地区的规模效率增长率不仅呈现出较快的正增长态势，而且其年均增幅也显著高于东部、中部地区。相对于东部、中部地区而言，西部地区的 R&D 活动规模较小，但是随着中国科技创新发展战略的有效实施，西部各地区不断加强 R&D 资源的投入力度，使得 R&D 创新规模不断扩大，规模经济性也得到较大程度的提高。

**表 7－5　东部、中部、西部三大地区 R&D 活动全要素生产率指数及其分解**

| 地区 | 指标 | TC | PEC | SE | MPI |
|---|---|---|---|---|---|
| 东部地区 | 均值 | 1.0473 | 1.0167 | 1.0059 | 1.0710 |
| | 标准差 | 0.0635 | 0.0468 | 0.0778 | 0.0559 |
| | 标准差系数 | 0.0606 | 0.0461 | 0.0774 | 0.0522 |
| 中部地区 | 均值 | 1.0490 | 1.0840 | 0.9950 | 1.1315 |
| | 标准差 | 0.0184 | 0.0502 | 0.0201 | 0.0504 |
| | 标准差系数 | 0.0175 | 0.0463 | 0.0202 | 0.0446 |
| 西部地区 | 均值 | 0.9863 | 1.0782 | 1.0796 | 1.1481 |
| | 标准差 | 0.1036 | 0.0607 | 0.1246 | 0.0796 |
| | 标准差系数 | 0.1051 | 0.0563 | 0.1154 | 0.0693 |

注：表中各项指数减去 1，即为各项指标的增长率；标准差系数 = 标准差/均值。

# 第三节　行业 R&D 活动的全要素生产率分析

## 一、R&D 活动的全要素生产率分析

同样，基于 VRS 假设的网络 SBM 模型的 Malmquist 指数方法，可测算出 2003～2008 年中国 37 个工业行业 R&D 活动的全要素生产率指数及其分解指数。具体结果如表 7－6 所示。

表 7-6　2003～2008 年中国工业行业 R&D 活动全要素生产率指数及其分解

| 年份 | TC | PEC | SE | MPI |
|---|---|---|---|---|
| 2004～2003 | 1.0884 | 1.0924 | 1.0573 | 1.2570 |
| 2005～2004 | 1.0357 | 1.1495 | 1.1034 | 1.3136 |
| 2006～2005 | 0.9625 | 1.0307 | 1.2572 | 1.2472 |
| 2007～2006 | 1.1700 | 0.9083 | 0.9658 | 1.0264 |
| 2008～2007 | 1.0012 | 1.1472 | 1.0119 | 1.1622 |
| 2003～2008 均值 | 1.0491 | 1.0616 | 1.0747 | 1.1969 |
| 2007～2008 均值 | 1.0823 | 1.0208 | 0.9886 | 1.0922 |

注：表中各项指数减去 1，即为各项指标的增长率。

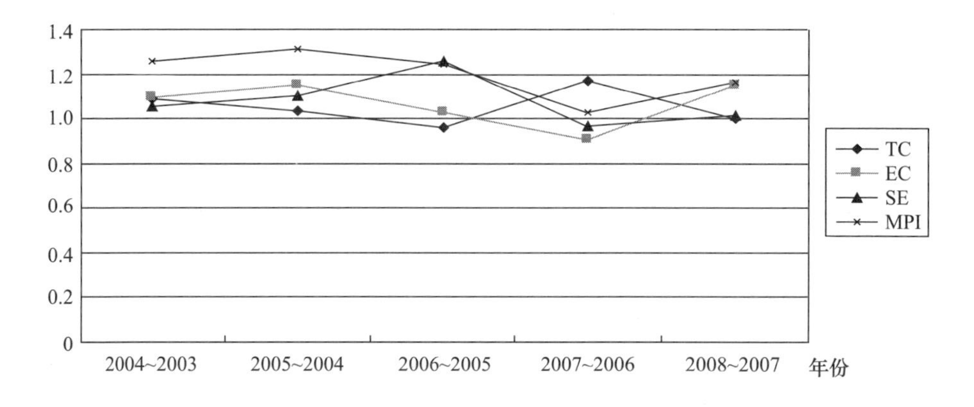


图 7-4　2003～2008 年中国工业行业 R&D 活动全要素生产率指数及其分解

由表 7-6 可知，2003～2008 年中国工业行业 R&D 活动全要素生产率保持稳定的正增长态势，年均增长率达到 19.69%。同时，技术进步变化指数、技术效率变化指数、规模效率变化指数也基本呈现出正的增长态势，年均增长率分别为 4.91%、6.16% 和 7.47%，这些表明中国工业行业 R&D 活动全要素生产率的增长是由技术进步、技术效率和规模效率三者共同驱动的结果。中国大中型工业企业大部分都为国有企业，近年来，随着市场经济体制的进一步完善，国有企业产权制度改革逐步深化，企业产权结构更为明晰，市场竞争环境也更加公平有序。基于这样的背景，大中型工业企业为了在市场竞争中处于有利地位，更加积极主动地开展 R&D 活动，其不仅加大了 R&D 资源投入力度，而且也注重科学的安排及管理，从而有效地提高了 R&D 活动的技术效率、规模效率以及技术进步。相对于技术效率和规模效率的改善程度，技术进步的年均增长率却相对较小，但这并不意味着未来中国工业行业的 R&D 活动全要素生产率主要依靠技术效率和规

模效率，而非技术进步。考察期内，技术进步增长率呈现出快速的上升趋势，特别是2007～2008年中国工业行业R&D活动MPI、TC、PEC、SE的年均增长率分别为9.22%、8.23%、2.08%、-1.14%，由此可见，技术进步才是提高中国未来工业行业R&D活动全要素生产率的主要动力，而非技术效率和规模效率，这也与白少君等（2011）的结论是一致的。

从变化趋势看（见图7-4），考察期内，中国工业行业R&D活动全要素生产率、技术进步、技术效率、规模效率的变化均呈现出明显的时序差异。全要素生产率一直呈现出正的增长态势，由2004～2003年的1.2570下降到2007～2006年的1.0264，而后又有所上升，上升到2008～2007年的1.1622。其中，2004～2003年、2005～2004年、2006～2005年、2008～2007年的全要素生产率增长较快，年均增长率均超过16%，而2007～2006年的全要素生产率增长却相对较慢，年均增长率仅为2.64%。具体来看，不同时期的全要素生产率变动原因差异明显：2004～2003年、2005～2004年、2008～2007年的全要素生产率增长表现为技术进步、技术效率、规模效率共同驱动的特征；2006～2005年表现为技术效率、规模效率共同推动全要素生产率的增长，而技术进步对其具有显著的抑制作用；2007～2006年全要素生产率增长表现为技术进步的单因素推动，同期的技术效率、规模效率却制约了其增长。

由表7-7可知，2003～2008年中国各工业行业的R&D活动全要素生产率大部分表现出明显的正增长态势，只有煤炭开采和洗选业（0.9138）、非金属矿采选业（0.9243）、文教体育用品制造业（0.9909）呈现出一定的下降态势。其中，农副食品加工业，工艺品及其他制造业，通信设备、计算机及其他电子设备制造业，纺织服装、鞋、帽制造业，电力、热力的生产和供应业，水的生产和供应业，燃气生产和供应业，黑色金属矿采选业等行业的全要素生产率增长相对较快，年均增幅均超过25%，而木材加工及木、竹、藤、棕、草制品业，皮革、毛皮、羽毛（绒）及其制品业，化学纤维制造业，石油加工、炼焦及核燃料加工业，黑色金属冶炼及压延加工业，石油和天然气开采业等行业的全要素生产率增长相对较慢，年均增幅均低于5%，这表明各工业行业的R&D活动全要素生产率变动存在显著的行业差异。相对于规模效率变化指数，大部分行业的技术进步变化指数、技术效率变化指数的均值大于1，表明技术的进步、技术效率的改善是各工业行业全要素生产率增长的主要动力。具体来看，报告期内不同工业行业R&D全要素生产率的变动原因差异显著：通信设备、计算机及其他电子设备制造业表现为技术进步、技术效率、规模效率的共同驱动特征；农副食品加工业，食品制造业，饮料制造业，烟草制品业，纺织业，纺织服装、鞋、帽制造业，皮革、毛皮、羽毛（绒）及其制品业，造纸及纸制品业，石油加工、炼焦及核燃料加工业，化学原料及化学制品制造业，医药制造业，非金属矿物制品业，有色金属冶炼及压延加工业，金属制品业，专用设备制造业，电气机械及器材制造业表现为技术进步、技术效率的共同促进作用，以及规模效率的抑制作用；煤炭开采和洗选业，化学纤维制造业，橡胶制品业，塑料制品业，黑色金属冶炼及压延加工业，通用设备制造业，仪器仪表及文化、办公用机械制造业表现为技术进步的单因素推动，以及同期的技术效率、规模效率的双抑制作用；有色金属矿采选业，非金属矿采选业，木材加工及木、竹、藤、棕、草制品业，印刷业和记录媒介的复制，工艺品及其他制造业，电力、热力的生产和供应业，燃气生产和供应业，水的生产和供应业表现为技术效率、规模效率的推动作用，以及技术进步的抑制作用；黑色金属矿采选业，文教体育用品制造业表现为规模效率的单因素驱动，以及技术进步、技术效率的双因素抑制等。

**表 7－7　各行业 R&D 活动全要素生产率指数及其分解**

| 分行业大中型工业企业 | TC | PEC | SE | MPI |
|---|---|---|---|---|
| 煤炭开采和洗选业 | 1.0572 | 0.9050 | 0.9552 | 0.9138 |
| 石油和天然气开采业 | 0.8725 | 1.3298 | 0.9006 | 1.0450 |
| 黑色金属矿采选业 | 0.8588 | 0.8270 | 4.3321 | 3.0766 |
| 有色金属矿采选业 | 0.9085 | 1.1292 | 1.2044 | 1.2356 |
| 非金属矿采选业 | 0.9019 | 1.0235 | 1.0013 | 0.9243 |
| 农副食品加工业 | 1.1773 | 1.2128 | 0.8774 | 1.2528 |
| 食品制造业 | 1.0897 | 1.1827 | 0.9412 | 1.2131 |
| 饮料制造业 | 1.2287 | 1.0753 | 0.8621 | 1.1390 |
| 烟草制品业 | 1.0208 | 1.1540 | 0.9660 | 1.1380 |
| 纺织业 | 1.1435 | 1.2598 | 0.8298 | 1.1954 |
| 纺织服装、鞋、帽制造业 | 1.2044 | 1.2117 | 0.9026 | 1.3172 |
| 皮革、毛皮、羽毛（绒）及其制品业 | 1.0317 | 1.0424 | 0.9347 | 1.0052 |
| 木材加工及木、竹、藤、棕、草制品业 | 0.8632 | 1.0471 | 1.1072 | 1.0007 |
| 家具制造业 | 0.9446 | 1.0000 | 1.1124 | 1.0508 |
| 造纸及纸制品业 | 1.0022 | 1.1182 | 0.9904 | 1.1099 |
| 印刷业和记录媒介的复制 | 0.8601 | 1.1301 | 1.1697 | 1.1370 |
| 文教体育用品制造业 | 0.8555 | 0.8721 | 1.3281 | 0.9909 |
| 石油加工、炼焦及核燃料加工业 | 1.0868 | 1.0157 | 0.9243 | 1.0204 |
| 化学原料及化学制品制造业 | 1.1512 | 1.0698 | 0.9109 | 1.1218 |
| 医药制造业 | 1.1221 | 1.1347 | 0.9561 | 1.2174 |

续表

| 分行业大中型工业企业 | TC | PEC | SE | MPI |
|---|---|---|---|---|
| 化学纤维制造业 | 1.2520 | 0.9612 | 0.8405 | 1.0115 |
| 橡胶制品业 | 1.2436 | 0.9527 | 0.9133 | 1.0821 |
| 塑料制品业 | 1.1899 | 0.9931 | 0.9797 | 1.1578 |
| 非金属矿物制品业 | 1.1327 | 1.1113 | 0.9261 | 1.1657 |
| 黑色金属冶炼及压延加工业 | 1.1104 | 0.9495 | 0.9706 | 1.0234 |
| 有色金属冶炼及压延加工业 | 1.1260 | 1.0617 | 0.8809 | 1.0532 |
| 金属制品业 | 1.1343 | 1.0691 | 0.9553 | 1.1584 |
| 通用设备制造业 | 1.1449 | 0.9598 | 0.9775 | 1.0741 |
| 专用设备制造业 | 1.3519 | 1.0164 | 0.8072 | 1.1092 |
| 交通运输设备制造业 | 1.0000 | 1.0351 | 1.0474 | 1.0842 |
| 电气机械及器材制造业 | 1.1306 | 1.0000 | 0.9915 | 1.1210 |
| 通信设备、计算机及其他电子设备制造业 | 1.0910 | 1.0646 | 1.1039 | 1.2822 |
| 仪器仪表及文化、办公用机械制造业 | 1.1689 | 0.9762 | 0.9785 | 1.1166 |
| 工艺品及其他制造业 | 0.9496 | 1.2299 | 1.0816 | 1.2632 |
| 电力、热力的生产和供应业 | 0.8887 | 1.1359 | 1.3824 | 1.3954 |
| 燃气生产和供应业 | 0.9364 | 1.0635 | 2.4898 | 2.4796 |
| 水的生产和供应业 | 0.8963 | 1.1614 | 2.3197 | 2.4146 |
| 均值 | 1.0491 | 1.0616 | 1.0747 | 1.1969 |
| 标准差 | 0.1325 | 0.1078 | 0.6305 | 0.4401 |
| 标准差系数 | 0.1263 | 0.1015 | 0.5867 | 0.3677 |

注：表中各项指数减去1，即为各项指标的增长率。

## 二、科技研发子过程的全要素生产率分析

如表7－8、图7－5所示，对于阶段1而言，即R&D活动的科技研发子过程2003～2008年的全要素生产率年均增幅要明显小于R&D活动整体，其年均增长率为15.40%。同时，技术进步变化指数、技术效率变化指数、规模效率变化指数的年均增长率为－1.84%、10.75%、6.15%，表明科技研发子过程全要素生产率的增长是由技术效率和规模效率共同驱动的，而技术退步对其具有一定的抑制作用。由于技术效率的年均增幅要显著高于规模效率，因此，技术效率是科技研发子过程全要素生产率增长的主要动力来源，而非规模效率的改善。具体来看，不同时期的全要素生产率变动原因差异明显：2004～2003年表现为技术进

步、规模效率共同促进了全要素生产率的增长，而技术效率却抑制了其增长；2005～2004 年全要素生产率的增长表现为技术进步、技术效率、规模效率共同驱动的特征；2006～2005 年表现为技术效率、规模效率的共同促进作用，以及技术进步的抑制作用；2007～2006 年表现为技术进步的单因素推动，以及技术效率和规模效率的共同抑制作用；2008～2007 年全要素生产率的增长表现为技术效率的推动作用，以及技术进步和规模效率的抑制作用。

**表 7－8　2003～2008 年科技研发子过程全要素生产率指数及其分解**

| 年份 | TC | PEC | SE | MPI |
|---|---|---|---|---|
| 2004～2003 | 1.2704 | 0.8310 | 1.1338 | 1.1968 |
| 2005～2004 | 1.1512 | 1.1012 | 1.0052 | 1.2742 |
| 2006～2005 | 0.8963 | 1.2025 | 1.2249 | 1.3202 |
| 2007～2006 | 1.0917 | 0.9047 | 0.9716 | 0.9596 |
| 2008～2007 | 0.6368 | 1.6742 | 0.9935 | 1.0591 |
| 2003～2008 均值 | 0.9816 | 1.1075 | 1.0615 | 1.1540 |
| 2007～2008 均值 | 0.8338 | 1.2307 | 0.9825 | 1.0081 |

注：表中各项指数减去 1，即为各项指标的增长率。

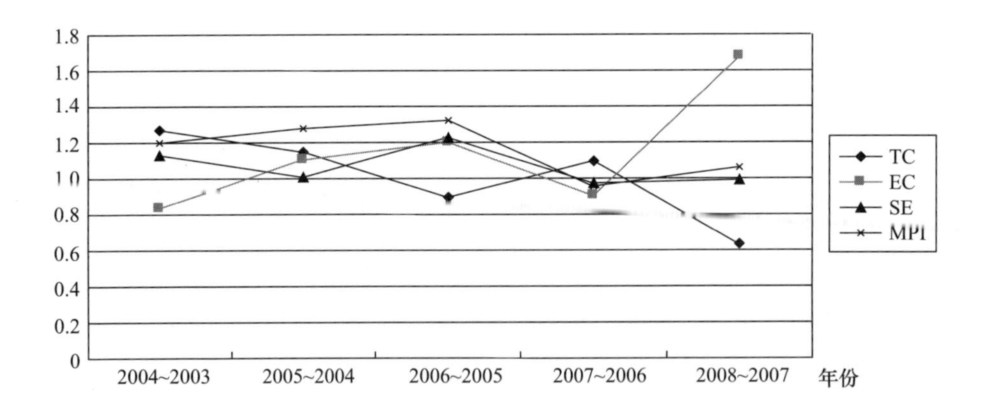


**图 7－5　2003～2008 年科技研发子过程全要素生产率指数及其分解**

## 三、经济转化子过程的全要素生产率分析

如表 7－9、图 7－6 所示，对于阶段 2 而言，即 R&D 活动的经济转化子过程 2003～2008 年的全要素生产率表现为非常稳定的正增长态势，年均增长率高达 21.81%，其数值由 2004～2003 年的 1.2777 上升到 2005～2004 年的 1.3568，而

后有所下降，一直下降到 2007 ~ 2006 年的 1.0460，最后又上升到 2008 ~ 2007 年的 1.2088。由于经济转化子过程的全要素生产率增幅要显著大于 R&D 活动整体和科技研发子过程，这表明工业行业 R&D 活动全要素生产率增长主要是由于经济转化子过程生产率的快速提升，而不是科技研发子过程。报告期内，技术进步变化指数、技术效率变化指数、规模效率变化指数也基本呈现出正增长态势，其年均增长率分别为 8.16%、3.97% 和 8.31%，表明经济转化子过程全要素生产率的增长是技术进步、技术效率、规模效率三者共同驱动的结果。具体来看，不同时期的全要素生产率变动原因存在明显差异：2004 ~ 2003 年表现为技术进步、技术效率、规模效率共同驱动的特征；2005 ~ 2004 年表现为技术效率、规模效率共同推动，而同期的技术进步却抑制了其增长；2006 ~ 2005 年表现为技术进步和规模效率的双驱动作用，以及技术效率的抑制作用；2007 ~ 2006 年、2008 ~ 2007 年全要素生产率增长表现为技术进步的单因素推动，而技术效率、规模效率对其具有明显的抑制作用。

**表 7 - 9　2003 ~ 2008 年经济转化子过程全要素生产率指数及其分解**

| 年份 | TC | PEC | SE | MPI |
|---|---|---|---|---|
| 2004 ~ 2003 | 1.0048 | 1.2105 | 1.0505 | 1.2777 |
| 2005 ~ 2004 | 0.9517 | 1.2173 | 1.1712 | 1.3568 |
| 2006 ~ 2005 | 1.0077 | 0.9484 | 1.2802 | 1.2236 |
| 2007 ~ 2006 | 1.1894 | 0.9282 | 0.9474 | 1.0460 |
| 2008 ~ 2007 | 1.2918 | 0.9367 | 0.9990 | 1.2088 |
| 2003 ~ 2008 均值 | 1.0816 | 1.0397 | 1.0831 | 1.2181 |
| 2007 ~ 2008 均值 | 1.2395 | 0.9325 | 0.9729 | 1.1244 |

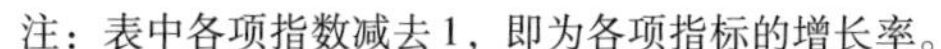
注：表中各项指数减去 1，即为各项指标的增长率。

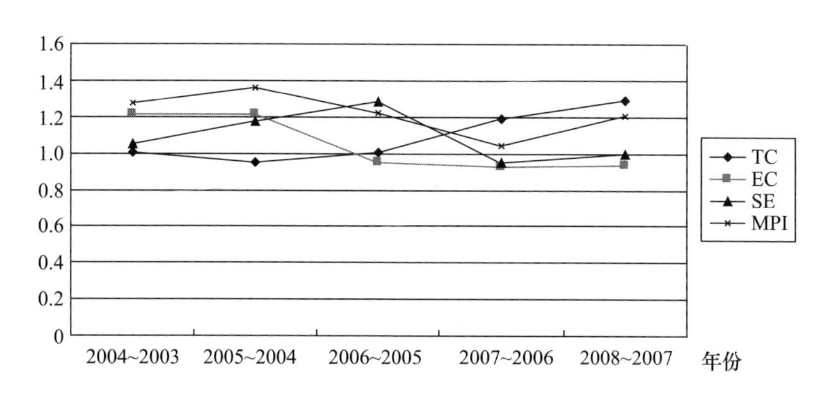


**图 7 - 6　2003 ~ 2008 年经济转化子过程全要素生产率指数及其分解**

## 四、四大行业的差异分析

根据刘贵鹏等（2012）、王然等（2010）对中国工业行业的分类方法，将工业行业分为资源型行业、原材料行业、一般制造行业和高技术行业四大类。根据上述网络 SBM – Malmquist 指数方法测算的结果，现对四类行业 R&D 活动的全要素生产率指数及其分解指数进行差异分析。

表 7 – 10 反映了四类行业在考察期内的 R&D 全要素生产率指数及其分解情况。总体来说，四类行业表现出较大的差异性。在全要素生产率变动方面，资源型行业、原材料行业、一般制造行业、高技术行业 R&D 活动的全要素生产率均表现出正的增长态势，其年均增长率分别为 51.69%、8.66%、13.60%、14.06%，这表明资源型行业的全要素生产率增长是最快的，而原材料行业的全要素生产率增长是最慢的。具体来看，不同行业的全要素生产率增长存在一定的差异：资源型行业的全要素生产率增长表现为技术效率、规模效率共同驱动，以及技术进步的抑制作用；原材料行业、一般制造行业、高技术行业的全要素生产率增长均表现为技术进步、技术效率的促进作用，以及规模效率的抑制作用。在技术进步变动方面，原材料行业、一般制造行业、高技术行业呈现出正的增长态势，其年均增长率分别为 15.73%、3.51%、14.28%，而资源型行业却呈现出一定的下降趋势，年均增长率为 –8.67%。技术效率的变动态势与全要素生产率非常类似，四类行业的技术效率变动也均呈现出正的增长态势，其年均增长率分别为 6.17%、1.89%、10.34%、1.80%，表明一般制造行业的技术效率改善程度是最高的，而高技术行业的技术效率改善程度相对较低。高技术产业本身具有较高的技术效率，这反而导致了其具有较小的增长潜力，虽然近年来 R&D 活动得到了较好的发展，但其增幅却是相对有限的。在规模效率变动方面，除了资源型行业的规模效率得到了较大幅度的改善，原材料行业、一般制造行业、高技术行业均表现出不同程度的恶化态势。

**表 7 – 10　四类行业 R&D 活动全要素生产率指数及其分解**

| 行业分类 | 指标 | TC | PEC | SE | MPI |
|---|---|---|---|---|---|
| 资源型行业 | 均值 | 0.9133 | 1.0617 | 1.5644 | 1.5169 |
| | 标准差 | 0.0580 | 0.1467 | 1.1092 | 0.7881 |
| | 标准差系数 | 0.0635 | 0.1382 | 0.7090 | 0.5196 |
| 原材料行业 | 均值 | 1.1573 | 1.0189 | 0.9215 | 1.0866 |
| | 标准差 | 0.0546 | 0.0564 | 0.0413 | 0.0604 |
| | 标准差系数 | 0.0471 | 0.0554 | 0.0448 | 0.0556 |

续表

| 行业分类 | 指标 | TC | PEC | SE | MPI |
|---|---|---|---|---|---|
| 一般制造行业 | 均值 | 1.0351 | 1.1034 | 0.9946 | 1.1360 |
| | 标准差 | 0.1236 | 0.1055 | 0.1294 | 0.0989 |
| | 标准差系数 | 0.1194 | 0.0956 | 0.1301 | 0.0871 |
| 高技术行业 | 均值 | 1.1428 | 1.0180 | 0.9803 | 1.1406 |
| | 标准差 | 0.1162 | 0.0301 | 0.0997 | 0.0709 |
| | 标准差系数 | 0.1016 | 0.0296 | 0.1017 | 0.0622 |

注：表中各项指数减去1，即为各项指标的增长率；标准差系数=标准差/均值。

# 第八章　研究结论和展望

通过上述各章的分析，我们对中国 R&D 活动效率研究有了一定的了解，得出了一些相关的结论，这些结论对中国经济发展和科技政策的制定都具有一定的借鉴意义。

## 第一节　研究结论

本书在国内外相关文献的基础上，首先系统分析了 R&D 活动效率评价的内涵及基本理论。基于价值链视角，将 R&D 活动分解为科技研发子过程和经济转化子过程两个阶段，并据此构建了相应的 R&D 活动效率评价指标体系。在 R&D 活动投入产出现状分析的基础上，运用具有链式结构的网络 DEA - SBM 视窗分析模型，分别从区域和行业两大视角对中国 R&D 活动效率进行评价和分析。再结合区域和行业的特点，运用随机效应的面板 Tobit 模型较详细地分析了中国 R&D 活动效率的影响因素。同时，为了深入分析中国 R&D 活动效率的动态变化情况，还运用网络 SBM - Malmquist 指数对区域和行业的 R&D 活动全要素生产率指数及其分解进行分析。最后，根据实证分析的结果，提出相应的政策建议。通过本书各章的分析，主要得出以下几点结论：

第一，R&D 活动具有明显的两阶段过程。R&D 活动作为创新的核心内容，其过程离不开“经济、市场价值”的范畴。基于价值链视角，本书将 R&D 活动过程分解为两个阶段：第一阶段是上游的科技研发子过程。科技研发子过程是指将原始的 R&D 资源投入研究、开发科学技术，并最终以专利和非专利技术、科技论文及专著等知识形式作为科技成果产出（R&D 活动的直接产出）；第二阶段是下游的经济转化子过程。经济转化子过程是指将科技研发子过程产生的具有实用价值的科技成果进行商业化应用、市场化推广和产业化生产等，并最终以产品

的形式流入市场，从而获取经济效益产出（R&D 活动的最终产出）。

第二，R&D 活动的投入产出现状分析。①中国 R&D 资源投入总量呈现出较为稳定的上升趋势。R&D 经费内部支出由 1991 年的 150.80 万元上升到 2010 年的 7062.58 万元，其规模仅次于美国和日本，已经超过德国成为全球 R&D 经费第三大国；R&D 人员全时当量由 1991 年的 67.05 万人年增加到 2010 年的 255.38 万人年，其规模仅次于美国而位居世界第二。②中国 R&D 经费投入强度也呈现出上升趋势。R&D 经费投入强度由 1991 年的 0.69% 上升到 2010 年的 1.76%，这一数值虽然远高于一些发展中国家，但与发达国家相比还有一定的距离。同时，中国 R&D 投入强度增长曲线也遵循国际 R&D 投入增长的一般规律，基本呈现出“S”形。③R&D 投入结构虽有所改善，但也存在一些突出问题。从执行主体看，企业成为 R&D 经费投入最主要的执行部门，但高等学校的比重却相对较低；从活动类型看，虽然三种类型 R&D 经费投入结构在总体趋势上同发达国家基本一致，但基础研究的比重过分偏低；从资金来源看，中国 R&D 经费投入模式已由政府主导型转变为企业主导型，但相对于目前中国企业的经济实力而言，政府资金投入比重偏低。④R&D 产出水平均保持了不同程度的增长趋势。专利申请受理量显著高于专利申请授权量，科学论文的引用率普遍偏低，这些表明专利和科学论文的增长质量有待进一步提高。同时，新产品销售收入占主营业务收入的比重也相对较低，且增长缓慢，表明中国 R&D 活动存在科技成果和经济活动联系不紧密的现象，造成科研与生产相脱节。⑤中国 R&D 活动中 R&D 资本存量的边际产出弹性显著大于 R&D 人员，说明 R&D 资本存量的利用率较高，在 R&D 活动中具有核心作用，而 R&D 人员的利用率相对较低，存在巨大的浪费现象。

第三，中国区域 R&D 活动效率评价。①2001～2008 年中国区域 R&D 活动效率表现出缓慢上升趋势，其效率均值只有 0.4976，而标准差系数却高达 0.4304，这些表明中国区域 R&D 活动效率不仅存在较大的提升空间，而且存在明显的区域差异。②考察期内，中国区域 R&D 活动效率的差异呈现出先下降后上升的“V 字形”特征，但总的来说，R&D 活动效率差异呈现出波动中缓慢下降的趋势，即区域间存在良性的技术外溢，存在所谓的“收敛”现象。③科技研发子过程效率、经济转化子过程效率均表现出一定波动后的上升趋势，但经济转化子过程的效率均值要明显低于 R&D 活动整体效率和科技研发子过程效率，表明其才是中国区域 R&D 活动效率偏低的主要原因。④从 R&D 活动内部效率的比较分析看，除了北京、海南、上海、广东、吉林、天津、浙江、江苏等省市的两个子过程都属于高效率外，大部分省份表现为两个子过程效率的“一高一低”或“双重低效”。⑤R&D 活动整体效率与科技研发子过程效率之间的相关系数显著高于其与经济转化子过程效率之间的相关系数，表明科技研发子过程是决定R&D活动效率高低排名的最关键因素。但科技研发子过程效率与经济转化子过程效率之间的相关系数较低，显示出中国区域R&D活动两个子过程之间存在一定程度的不协调性。⑥东、中、西部三大地区的R&D活动效率呈现出明显的"阶梯递减"分布特征，即东部地区的效率均值显著高于中部、西部地区。而东部、中部、西部三大地区的内部差异却呈现出明显的"倒U形"分布特征，即中部地区的内部差异最大，东部、西部地区的内部差异相对较小。

第四，中国工业行业R&D活动效率评价。①2003～2008年中国工业行业R&D活动效率表现出稳定的上升趋势，但其效率均值只有0.3452，且标准差系数高达0.6266，这些表明中国工业行业的R&D活动效率不仅存在很大的改善空间，也存在明显的行业差异。②考察期内，中国工业行业R&D活动效率的差异呈现出一定的波动下降趋势，表明中国R&D活动效率的行业差异有所缩小，行业间存在所谓的"收敛"现象。③科技研发子过程效率均值显著低于R&D活动整体效率和经济转化子过程效率，表明科技研发子过程是中国工业行业R&D活动效率偏低的主要原因。④从R&D活动内部效率的比较分析看，除了黑色金属矿采选业，皮革、毛皮、羽毛（绒）及其制品业，家具制造业，文教体育用品制造业，专用设备制造业，交通运输设备制造业，电气机械及器材制造业，通信设备、计算机及其他电子设备制造业，燃气生产和供应业之外，大部分行业表现为两个子过程效率的"一高一低"或"双重低效"。⑤高技术行业、一般制造行业、资源型行业、原材料行业的效率均值分别为0.6223、0.3609、0.2627、0.2384，表明高技术行业的R&D活动效率最高，原材料行业的R&D活动效率最低。资源型行业、原材料行业、一般制造行业、高技术行业R&D活动效率的标准差系数分别为0.8113、0.2346、0.5345、0.3494，表明资源型行业的内部差异最大，而原材料行业的内部差异相对最小。

第五，中国R&D活动效率的影响因素分析。①对外开放程度、人力资本水平、地方政府对R&D活动的支持强度、基础设施水平、产业结构、R&D活动主体间联系程度等环境因素都对区域R&D活动效率具有显著的正向促进作用。其中，人力资本水平、产业结构等并没有因为衡量指标选取的不同，而使回归系数发生较大的变化，表明其影响作用具有一定的稳定性和可靠性。②企业规模、企业所有权结构、外商直接投资等环境因素对工业行业R&D活动效率的提升具有显著的正向效应。虽然市场竞争程度变量的影响作用并不显著，但其估计系数符号均为正，这也在一定程度上暗示良性的市场竞争有利于工业行业R&D活动效率的提升。

第六，中国区域R&D活动全要素生产率分析。①2001～2008年中国R&D活

动全要素生产率基本保持正的增长态势，年均增长率达到11.49%。同时，技术进步变化指数、技术效率变化指数、规模效率变化指数也均呈现出正的增长态势，年均增长率分别为2.49%、5.68%和2.93%，这些表明中国区域R&D活动全要素生产率的增长是由技术进步、技术效率和规模效率共同推动的结果。②不同时期的区域R&D活动全要素生产率变动原因差异明显：除了2002~2001年、2004~2003年中国区域R&D活动全要素生产率表现为技术进步、技术效率、规模效率的共同驱动外，大部分时期表现为技术进步与技术效率之间此消彼长的过程。③考察期内，各省区R&D活动全要素生产率也基本表现出明显的增长态势，只有天津和海南表现出微弱的下降态势。相对于技术效率变化指数、规模效率变化指数，大部分省区的技术进步变化指数均值大于1，表明技术进步是各省区全要素生产率增长的主要原因。④2001~2008年科技研发子过程、经济转化子过程的全要素生产率也基本保持正的增长态势，但经济转化子过程的增幅要显著大于R&D活动整体和科技研发子过程，表明中国R&D活动全要素生产率增长主要得益于经济转化子过程生产率的快速提升。⑤东部、中部、西部三大地区R&D活动的全要素生产率均表现出正的增长态势，其年均增长率分别为7.10%、13.15%、14.81%，表明西部地区的全要素生产率增长是最快的，而东部地区的全要素生产率增长是最慢的。

第七，中国工业行业R&D活动全要素生产率分析。①2003~2008年中国工业行业R&D活动全要素生产率指数及其分解指数均保持稳定的正增长态势，表明中国工业行业R&D活动全要素生产率的增长是由技术进步、技术效率和规模效率三者共同驱动的结果。②不同时期的中国工业行业全要素生产率变动原因差异明显：2004~2003年、2005~2004年、2008~2007年的全要素生产率增长表现为技术进步、技术效率、规模效率共同驱动的特征；2006~2005年表现为技术效率、规模效率的推动作用，以及技术进步的抑制作用；2007~2006年表现为技术进步的单因素推动，以及技术效率、规模效率的制约作用。③2003~2008年中国各工业行业的R&D活动全要素生产率大部分表现出明显的正增长态势，只有煤炭开采和洗选业、非金属矿采选业、文教体育用品制造业呈现出一定的下降态势。相对于规模效率变化指数，大部分行业的技术进步变化指数、技术效率变化指数的均值大于1，表明技术的进步、技术效率的改善是各工业行业全要素生产率增长的主要动力。④报告期内，科技研发子过程、经济转化子过程的全要素生产率也均表现为稳定的正增长态势，但由于经济转化子过程的增幅要显著大于R&D活动整体和科技研发子过程，表明中国工业行业R&D活动全要素生产率增长主要是由经济转化子过程引起的。⑤资源型行业、原材料行业、一般制造行业、高技术行业R&D活动的全要素生产率均表现出正的增长态势，其年均增长率分别为51.69%、8.66%、13.60%、14.06%，这表明资源型行业的全要素生产率增长最快，而原材料行业的全要素生产率增长最慢。

## 第二节　政策建议

针对目前中国R&D活动资源投入与使用中存在的问题和本书研究得出的一些结论，为了实现R&D活动的健康发展，提高其投入产出效率，笔者提出以下相关的政策建议：

1. 加大R&D资金投入力度

虽然中国R&D资金投入总量规模达到较高水平，但R&D资金投入强度仍处于较低的水平，与发达国家水平相比还有一定的差距，因此，我们要进一步加大R&D资金投入力度。要加大各区域或行业的R&D资金投入，除了依靠政府部门的财政拨款外，还必须形成全方位、多渠道的R&D投资局面。可以通过制定相应的金融、税收、信贷等政策来调动各类企业、中介机构等的投资积极性，逐步建立起国家、企业、中介机构等多元化的投资格局。

2. 调整和优化R&D投入结构

虽然中国R&D投入结构有所改善，但也存在一些突出问题和矛盾，因此，现行的R&D投入结构需要进一步的调整和优化。基础研究是科技创新的源泉和后盾，其发展水平在很大程度上制约着应用研究和实验发展的水平。由于基础研究具有明显的公共产品特征，因此，政府R&D投入应向基础研究有所倾斜，优先发展基础研究，进而为科技创新提供雄厚的储备，增强区域或行业发展的后劲。高等学校是知识创新的源头，是科学创新和人才培养的摇篮，其已成为R&D活动的重要组成部分。相对于发达国家，中国高等学校的R&D经费投入比重较低。因此，我们应在继续巩固企业创新主体地位的同时，加大高等学校R&D投入，不断增强高等学校在R&D活动创新系统中的作用。

3. 努力提高科技成果转化率

R&D活动直接产出（科技成果产出）未能有效地转化为最终的经济效益和社会效益，这也是中国R&D活动效率相对低下的重要原因之一。因此，我们要尽快地扭转科技成果转化率低下的局面，各级政府及相关部门应该采取行之有效的保障措施来调动广大研发人员的积极性。例如，设立转化基金或者风险基金，建立科技成果信息资料库，提供科技成果信息服务等，最大限度地把科技成果转化为经济效益和社会效益，促进R&D活动进一步发展，使已投入的R&D资源发挥出最大的效益，进而使各级政府和部门坚定 R&D 资源投入的决心与信心。

4. 建立更加完善的 R&D 活动效率评价体系

近年来，虽然各领域加大了对 R&D 活动效率的评价研究，但由于评价方法的多样性、评价单元的多元化，R&D 活动效率评价还是一个值得继续推进的研究领域，且目前也没有形成一套定期的、正规的效率评价系统。因此，我们应该从全面、系统的角度出发，继续推进 R&D 活动效率的理论研究和实践研究，进一步完善 R&D 活动效率评价机制，为提高各领域的 R&D 资源投入产出效率水平提供正确的价值判断和管理监督。我们既可以建立"不同层级"的效率评价机制，包括不同区域的 R&D 活动评价、不同行业的 R&D 活动评价、不同执行主体的 R&D 活动评价、不同类型的 R&D 活动评价等，也可以建立多元化的效率评价机制，包括研究机构自评、同行机构评价、委托管理机构评价和社会公众监督评价。并在此基础上建设"R&D 活动评价计算机管理系统"，运用计算机管理系统进行规范化、系统化的定期评价。

5. 建立和完善政府引导下的产学研合作机制

实证分析表明，R&D 活动三大执行主体（高校、科研机构、企业）之间的交流与合作对促进中国 R&D 活动效率的提升发挥着重要作用，因此，我们应进一步建立和完善相应的合作机制。产学研合作的根本出发点在于综合三大执行主体的力量，从而实现 R&D 资源的优势互补。企业作为 R&D 创新的主体，主要以市场需求为导向，实现科研成果的商业化。高校作为 R&D 活动的重要组成部分，主要目的是人才培养和知识创新。科研机构主要从事与国计民生和国家利益密切相关的项目。三大执行主体在 R&D 活动中的不同功能，决定了它们之间可以通过产学研合作实现 R&D 最优配置。但是，三方在合作过程中存在社会职责和价值取向等方面的差异与冲突，很难实现三方共赢的局面。政府作为产学研的主要推动力量，对产学研的组织、协调和准确引导具有不可替代的作用。所以，政府应在优化 R&D 资源的前提下，营造良好的研发环境和创新平台等，建立和完善产学研合作机制。

6. 加强 R&D 活动对外开放，拓宽国内外交流与合作

在开放经济系统中，R&D 活动的高效开展不仅取决于国内的诸多因素，而且也受到国际贸易、国际投资、国际技术扩散等诸多国外因素的影响。在 R&D 活动的对外开放过程中，可以通过技术转移和技术溢出效应（包括竞争效应、培训效应、关联效应、示范效应）等促进技术发展的专业化和国际上的技术分工，进而优化 R&D 资源配置，提高 R&D 活动效率。因此，我们应该进一步加强 R&D 活动的国内外交流与合作，积极引进国内外新技术和新的管理经验。同时，还可以通过广泛开展国内外学术、人才交流和技术合作，鼓励和吸引留学人员、

海外人员、外省人员从事 R&D 创新相关研究。

7. 提升人力资本水平，增强引进技术的吸收能力

人力资本水平不仅是影响国外引进技术吸收能力的重要因素，更是国内 R&D 活动顺利开展的关键所在。特别地，在全球化的背景下，发达国家已有的知识和技术存量能否成为发展中国家的后发优势，主要取决于高素质的劳动者和科技人才，而这些人才的培养是离不开教育的。因此，我们应进一步加强教育建设，提高中国的人力资本水平。具体措施包括：加大政府和私人部门的教育经费投入；实施全民终身的教育计划；根据市场和社会的需求，优化教育结构；大力发展职业技术教育等，培养出能适应科技不断变化的各类高质量劳动者。

8. 加强相关的基础设施建设

R&D 活动效率与基础设施的发达程度有着密切的关系。良好的基础设施不仅有利于高科技人才的集聚和提高市场交易的便利性，而且有利于实现科技信息的传播和知识的共享，这些都为 R&D 活动的顺利开展提高了一个良好的平台，进而可以促进 R&D 资源的有效转化，实现更高的 R&D 活动效率。因此，我们应该根据各区域或行业 R&D 活动的发展需要，加大相关的基础设施投入，如网络信息化设施、交通运输设施等，以充分发挥基础设施的促进作用。但各区域或行业在加强基础设施建设的同时，应该抛弃本位主义的思想，加强各区域或行业间的协调性和共享性，确保建设效用的最大化。

9. 建立公平竞争的市场环境

公平竞争的市场环境能够有效地促进企业进行 R&D 创新活动。企业的成长和发展是市场环境的结果，而 R&D 创新能力作为企业竞争力的潜在动力，其又是市场竞争的产物。因此，企业 R&D 活动创新能力提高的关键是构建公平竞争的市场环境。政府作为市场经济秩序的调控者、建设者和维护者，必须将建设公平、规范的市场环境列入重要工作议程。可以通过对国有企业进行产权改革，同时引进外资和民营资本，逐步建立起更加公平的市场环境，通过市场竞争来引导 R&D 活动进行创新；可以从优惠政策、财政支持、融资担保、行业进入等方面，进一步完善民营企业的发展环境；加强知识产权管理和保护，依法严厉打击侵犯知识产权的违法行为，避免 R&D 知识产权的流失；制定合理有效的反垄断法，鼓励更多的企业积极主动地将 R&D 创新置于其战略的中心等。

## 第三节　研究展望

本书较为系统地对中国 R&D 活动效率进行了理论和实证分析，但由于时间

仓促以及资料获得方面的限制，加之笔者的研究水平有限，本书的研究还需要进一步完善，仍然有一些问题值得讨论和研究，归纳起来有以下几点：

（1）虽然基于价值链视角可以将 R&D 活动分解成链形结构，但除此之外还应该有其他不同的分解方式，如并形结构、混合网络结构等。一般而言，R&D 活动分解得越正确详细，越有利于深入地评价和探讨其内在的运行过程，从而提供更多更为详尽的内部信息。因此，如何更加正确详细地对 R&D 活动内部过程进行分解，需要进一步的深入研究。

（2）在 R&D 活动创新过程中，关于技术成果产出、科学成果产出等变量的定义及其水平测度，本身就是一个比较复杂的问题，学术界对于这些测度指标还有很多的争议。本书用简单加权的单一指标而非指标体系进行测度，虽然简单明了，但难免有失偏颇。

（3）除人力资本、对外开放程度、地方政府对 R&D 活动的支持强度、基础设施、产业结构、R&D 活动主体间联系程度、企业规模、企业所有权结构、外商直接投资变量外，是否还有其他变量对 R&D 活动效率产生重要影响？若存在这样的变量，它们又是如何影响中国 R&D 活动效率的？这些问题也值得进一步探究。

# 附　录

**表1　2001～2008年中国分区域R&D活动投入产出数据**

| 地区 | 年份 | RJF（万元） | RRY（人年） | RZL（件） | RLW（篇） | RGZ（万元） | RHQ（万元） | RCZ（万元） | RXS（万元） |
|---|---|---|---|---|---|---|---|---|---|
| 北京 | 2001 | 1711696 | 95255 | 13842 | 17586 | 126580 | 88422 | 6449803 | 4785479 |
| 天津 | 2001 | 251553 | 23893 | 5360 | 2070 | 228056 | 81634 | 8080558 | 8017435 |
| 河北 | 2001 | 257504 | 28222 | 5390 | 663 | 775734 | 131656 | 2211473 | 2212139 |
| 山西 | 2001 | 108238 | 16152 | 1630 | 583 | 553290 | 53683 | 1330819 | 1274984 |
| 内蒙古 | 2001 | 38828 | 7997 | 1202 | 80 | 304613 | 54169 | 1103024 | 1068807 |
| 辽宁 | 2001 | 538980 | 52784 | 9851 | 3071 | 1005539 | 177193 | 7275299 | 6667503 |
| 吉林 | 2001 | 165428 | 17913 | 3413 | 1744 | 481591 | 105049 | 707863 | 622790 |
| 黑龙江 | 2001 | 201389 | 32219 | 4392 | 1713 | 656813 | 79423 | 1517314 | 1498981 |
| 上海 | 2001 | 880804 | 51965 | 19970 | 7824 | 851991 | 608382 | 21890627 | 21888701 |
| 江苏 | 2001 | 922703 | 78839 | 13075 | 4445 | 1643125 | 584994 | 17720431 | 17303532 |
| 浙江 | 2001 | 414138 | 35919 | 17265 | 2799 | 1348014 | 265124 | 10763841 | 10136713 |
| 安徽 | 2001 | 210513 | 24403 | 2312 | 2066 | 694376 | 168796 | 1735628 | 1731512 |
| 福建 | 2001 | 226181 | 24810 | 6522 | 950 | 288728 | 92587 | 8152575 | 8283563 |
| 江西 | 2001 | 77617 | 15149 | 2037 | 150 | 221329 | 31990 | 1279474 | 1273105 |
| 山东 | 2001 | 609310 | 46804 | 12856 | 2205 | 1530272 | 573095 | 14639181 | 13715364 |
| 河南 | 2001 | 283090 | 36138 | 4441 | 485 | 488171 | 118991 | 2821028 | 2569996 |
| 湖北 | 2001 | 368494 | 44167 | 4960 | 3013 | 523546 | 177926 | 3944043 | 3622921 |
| 湖南 | 2001 | 239755 | 28672 | 4859 | 1609 | 433554 | 194798 | 1978076 | 1944218 |
| 广东 | 2001 | 1374337 | 79052 | 34352 | 1996 | 534851 | 333755 | 20273127 | 20075977 |
| 广西 | 2001 | 80046 | 9532 | 1927 | 155 | 285054 | 58096 | 1790774 | 1797380 |
| 海南 | 2001 | 8457 | 927 | 546 | 15 | 953 | 1126. 5 | 577850 | 556280 |
| 重庆 | 2001 | 99904 | 16491 | 3142 | 627 | 205830 | 53569 | 3798354 | 3614583 |
| 四川 | 2001 | 574712 | 48180 | 5997 | 1708 | 689099 | 172841 | 3705589 | 3458541 |
| 贵州 | 2001 | 53486 | 9488 | 1260 | 139 | 237109 | 14801 | 596010 | 529511 |
| 云南 | 2001 | 76982 | 11703 | 1780 | 496 | 175932 | 45444 | 404394 | 352063 |
| 陕西 | 2001 | 516917 | 57275 | 2530 | 3173 | 218358 | 48535 | 1602745 | 1439536 |
| 甘肃 | 2001 | 83833 | 17291 | 781 | 1111 | 164943 | 35353 | 199362 | 221936 |
| 青海 | 2001 | 11747 | 2005 | 151 | 19 | 31518 | 7831 | 55549 | 58646 |
| 宁夏 | 2001 | 15341 | 2821 | 503 | 12 | 43847 | 10334 | 169245 | 152065 |
| 新疆 | 2001 | 32070 | 4551 | 1239 | 83 | 178041 | 42267 | 97387 | 102546 |

续表

| 地区 | 年份 | RJF（万元） | RRY（人年） | RZL（件） | RLW（篇） | RGZ（万元） | RHQ（万元） | RCZ（万元） | RXS（万元） |
|---|---|---|---|---|---|---|---|---|---|
| 北京 | 2002 | 2195401 | 114919 | 17003 | 21393 | 227354 | 30313 | 8956388 | 9645363 |
| 天津 | 2002 | 311878 | 26216 | 6812 | 2686 | 350294 | 144452 | 13404081 | 13027742 |
| 河北 | 2002 | 336031 | 32899 | 5623 | 1288 | 733676 | 99015 | 3403213 | 3433635 |
| 山西 | 2002 | 144131 | 17183 | 1743 | 1029 | 468764 | 80449 | 2129901 | 1848753 |
| 内蒙古 | 2002 | 48285 | 8679 | 1393 | 96 | 251575 | 53044 | 1327958 | 2615427 |
| 辽宁 | 2002 | 715605 | 64703 | 13545 | 3539 | 1012278 | 173355 | 9044686 | 8790693 |
| 吉林 | 2002 | 264085 | 19580 | 4267 | 2386 | 367144 | 78354 | 1445215 | 1478121 |
| 黑龙江 | 2002 | 232880 | 34198 | 4972 | 2379 | 677248 | 129280 | 2241975 | 1879647 |
| 上海 | 2002 | 1102663 | 54749 | 22374 | 9844 | 807001 | 675334 | 26113560 | 26565552 |
| 江苏 | 2002 | 1172582 | 90574 | 18393 | 5550 | 2316401 | 764471 | 25406827 | 24140530 |
| 浙江 | 2002 | 542865 | 39973 | 21463 | 4053 | 2214499 | 464850 | 15801162 | 15297779 |
| 安徽 | 2002 | 256977 | 23748 | 2676 | 2042 | 1109257 | 387543 | 3948978 | 3745446 |
| 福建 | 2002 | 243999 | 22448 | 7236 | 1868 | 287426 | 126589 | 7765274 | 7648386 |
| 江西 | 2002 | 117173 | 15335 | 2434 | 178 | 428991 | 77310 | 1783348 | 1623717 |
| 山东 | 2002 | 881631 | 72630 | 15794 | 2694 | 1951762 | 273510 | 21676458 | 22261453 |
| 河南 | 2002 | 293151 | 41492 | 5261 | 588 | 574054 | 107730 | 4389266 | 4070229 |
| 湖北 | 2002 | 478834 | 55509 | 6635 | 4294 | 716953 | 157254 | 5075617 | 4491459 |
| 湖南 | 2002 | 262135 | 29228 | 6054 | 2219 | 773795 | 95755 | 4249238 | 4024412 |
| 广东 | 2002 | 1564491 | 86881 | 43186 | 2847 | 878111 | 376114 | 29889026 | 30551860 |
| 广西 | 2002 | 90478 | 12085 | 2250 | 168 | 446931 | 36397 | 2787565 | 2608265 |
| 海南 | 2002 | 12178 | 848 | 445 | 23 | 1813 | 1221.25 | 645472 | 640052 |
| 重庆 | 2002 | 126195 | 17572 | 4589 | 819 | 297780 | 74991 | 4980436 | 4883322 |
| 四川 | 2002 | 619233 | 61312 | 7443 | 2493 | 684189 | 174663 | 4467362 | 4421756 |
| 贵州 | 2002 | 60722 | 8960 | 1242 | 176 | 330325 | 20566 | 680504 | 673824 |
| 云南 | 2002 | 97928 | 13938 | 1966 | 579 | 288918 | 73616 | 679032 | 634110 |
| 陕西 | 2002 | 607149 | 60533 | 3421 | 3793 | 329790 | 107956 | 2288097 | 2112417 |
| 甘肃 | 2002 | 109594 | 14693 | 961 | 1324 | 127479 | 35554 | 463473 | 409320 |
| 青海 | 2002 | 20823 | 2037 | 173 | 23 | 7074 | 1337 | 52473 | 36197 |
| 宁夏 | 2002 | 19505 | 2975 | 441 | 18 | 50440 | 5611 | 244385 | 252705 |
| 新疆 | 2002 | 35182 | 5317 | 1473 | 150 | 253011 | 42637 | 284720 | 399935 |

续表

| 地区 | 年份 | RJF（万元） | RRY（人年） | RZL（件） | RLW（篇） | RGZ（万元） | RHQ（万元） | RCZ（万元） | RXS（万元） |
|---|---|---|---|---|---|---|---|---|---|
| 北京 | 2003 | 2562518 | 109947 | 18402 | 23533 | 319115 | 320024 | 8781042 | 8782024 |
| 天津 | 2003 | 404290 | 28808 | 8406 | 3439 | 301090 | 177738 | 15516388 | 15456202 |
| 河北 | 2003 | 380530 | 34438 | 5647 | 1046 | 997904 | 185614 | 4285716 | 4364557 |
| 山西 | 2003 | 158256 | 18483 | 1949 | 889 | 1155824 | 80668 | 2961953 | 2841529 |
| 内蒙古 | 2003 | 63898 | 8686 | 1457 | 89 | 310510 | 28674 | 1979058 | 1870613 |
| 辽宁 | 2003 | 829699 | 56031 | 14695 | 4369 | 1920915 | 235225 | 9511499 | 9183210 |
| 吉林 | 2003 | 278001 | 19480 | 3657 | 2675 | 386558 | 88603 | 8690951 | 4479058 |
| 黑龙江 | 2003 | 326765 | 34635 | 4919 | 3230 | 430401 | 119739 | 3437786 | 2959176 |
| 上海 | 2003 | 1289187 | 56211 | 20471 | 11385 | 1453102 | 653756 | 31235422 | 31487202 |
| 江苏 | 2003 | 1504625 | 98054 | 23532 | 6930 | 2666644 | 703721 | 28477752 | 26796653 |
| 浙江 | 2003 | 752256 | 46580 | 25294 | 5392 | 2328232 | 227476 | 22775914 | 21497764 |
| 安徽 | 2003 | 324219 | 25107 | 2943 | 3188 | 1097978 | 117942 | 4377648 | 4075444 |
| 福建 | 2003 | 375019 | 26614 | 7498 | 1554 | 311979 | 99766 | 10247953 | 9904990 |
| 江西 | 2003 | 169772 | 16999 | 2685 | 231 | 497761 | 84476 | 2450352 | 2359924 |
| 山东 | 2003 | 1038442 | 78260 | 18388 | 3287 | 3358731 | 253239 | 25031944 | 24805404 |
| 河南 | 2003 | 341910 | 40742 | 6318 | 929 | 960696 | 172813 | 6086203 | 5949447 |
| 湖北 | 2003 | 548173 | 51901 | 7960 | 5188 | 1172728 | 206380 | 6375571 | 5906004 |
| 湖南 | 2003 | 300904 | 26988 | 7693 | 2839 | 918096 | 83957 | 4802643 | 4574776 |
| 广东 | 2003 | 1798393 | 93812 | 52201 | 3442 | 961223 | 402686 | 35371491 | 33838765 |
| 广西 | 2003 | 112389 | 13188 | 2202 | 328 | 518229 | 46518 | 2717242 | 2670757 |
| 海南 | 2003 | 12126 | 1040 | 375 | 20 | 16007 | 1836 | 780687 | 91997 |
| 重庆 | 2003 | 174401 | 17744 | 5171 | 1045 | 622896 | 339971 | 5924160 | 6000693 |
| 四川 | 2003 | 794211 | 57867 | 7260 | 3497 | 1068697 | 107956 | 5746148 | 5558261 |
| 贵州 | 2003 | 78853 | 8623 | 1486 | 167 | 467524 | 8905 | 1038504 | 807378 |
| 云南 | 2003 | 110074 | 12943 | 2132 | 539 | 219630 | 25829 | 628358 | 604351 |
| 陕西 | 2003 | 679914 | 54239 | 3217 | 4494 | 594114 | 103073 | 2914765 | 2721400 |
| 甘肃 | 2003 | 127702 | 16888 | 910 | 1681 | 318315 | 24577 | 853430 | 789934 |
| 青海 | 2003 | 24070 | 2265 | 124 | 41 | 16351 | 3469 | 150570 | 136809 |
| 宁夏 | 2003 | 23828 | 2718 | 399 | 9 | 142265 | 11491 | 345955 | 236112 |
| 新疆 | 2003 | 37957 | 5335 | 1492 | 148 | 350956 | 5597 | 326183 | 220481 |

续表

| 地区 | 年份 | RJF（万元） | RRY（人年） | RZL（件） | RLW（篇） | RGZ（万元） | RHQ（万元） | RCZ（万元） | RXS（万元） |
|---|---|---|---|---|---|---|---|---|---|
| 北京 | 2004 | 3173331 | 151542 | 22572 | 34674 | 367984 | 63341 | 12290230 | 12137823 |
| 天津 | 2004 | 537501 | 29553 | 11657 | 5507 | 402717 | 496069 | 19757200 | 18865124 |
| 河北 | 2004 | 438428 | 34823 | 6401 | 2184 | 926436 | 96884 | 6098097 | 6130657 |
| 山西 | 2004 | 233570 | 18504 | 1985 | 1860 | 1245733 | 83540 | 4077364 | 4041806 |
| 内蒙古 | 2004 | 77951 | 11417 | 1455 | 207 | 466087 | 17875 | 2237279 | 2295693 |
| 辽宁 | 2004 | 1069142 | 59967 | 15672 | 6856 | 2898341 | 112798 | 12455277 | 12104654 |
| 吉林 | 2004 | 355065 | 22156 | 4101 | 4456 | 775151 | 51812 | 10810323 | 8213265 |
| 黑龙江 | 2004 | 353502 | 39233 | 6050 | 5106 | 675563 | 82703 | 3145129 | 3027846 |
| 上海 | 2004 | 1711168 | 59089 | 32741 | 17821 | 1395843 | 507920 | 39629922 | 41371705 |
| 江苏 | 2004 | 2139777 | 103295 | 34811 | 11337 | 2795706 | 572278 | 33907167 | 32703283 |
| 浙江 | 2004 | 1155471 | 63100 | 43221 | 9083 | 2454674 | 297975 | 31227535 | 29468344 |
| 安徽 | 2004 | 379356 | 24113 | 3516 | 4639 | 1555730 | 168581 | 4917246 | 5126821 |
| 福建 | 2004 | 458874 | 31792 | 9460 | 2197 | 350103 | 110838 | 11799725 | 11296263 |
| 江西 | 2004 | 215281 | 19225 | 2815 | 573 | 416877 | 187021 | 4062650 | 3871219 |
| 山东 | 2004 | 1421242 | 72255 | 28835 | 5664 | 2440006 | 339150 | 31259540 | 30738703 |
| 河南 | 2004 | 423556 | 42126 | 8981 | 1508 | 1098572 | 122014 | 8354238 | 8377136 |
| 湖北 | 2004 | 566204 | 50311 | 11534 | 9068 | 1253563 | 106721 | 5759529 | 5419113 |
| 湖南 | 2004 | 370442 | 31334 | 8763 | 4451 | 911755 | 51373 | 5559056 | 5446587 |
| 广东 | 2004 | 2112055 | 93051 | 72220 | 5777 | 1301399 | 502240 | 44195607 | 42165346 |
| 广西 | 2004 | 118659 | 14801 | 2379 | 524 | 604810 | 86575 | 3274720 | 3313648 |
| 海南 | 2004 | 20870 | 1409 | 498 | 54 | 33821 | 5383 | 1163932 | 1119128 |
| 重庆 | 2004 | 236525 | 20739 | 6260 | 2012 | 503224 | 63738 | 7838314 | 7438664 |
| 四川 | 2004 | 780122 | 60117 | 10567 | 5193 | 1287144 | 216230 | 8518269 | 8212515 |
| 贵州 | 2004 | 86772 | 7793 | 2226 | 241 | 405860 | 25354 | 1733127 | 1712377 |
| 云南 | 2004 | 125061 | 14695 | 2556 | 800 | 189607 | 31431 | 1682478 | 1556440 |
| 陕西 | 2004 | 834788 | 49020 | 4166 | 7682 | 459690 | 42339 | 3835983 | 3227901 |
| 甘肃 | 2004 | 143946 | 14420 | 1759 | 2614 | 307751 | 43128 | 1678053 | 1654715 |
| 青海 | 2004 | 30364 | 2649 | 216 | 72 | 21518 | 4575. 5 | 443126 | 383453 |
| 宁夏 | 2004 | 30513 | 3515 | 516 | 39 | 142548 | 4251 | 500759 | 468508 |
| 新疆 | 2004 | 60134 | 6141 | 1851 | 275 | 240291 | 5425 | 407752 | 439349 |

续表

| 地区 | 年份 | RJF（万元） | RRY（人年） | RZL（件） | RLW（篇） | RGZ（万元） | RHQ（万元） | RCZ（万元） | RXS（万元） |
|---|---|---|---|---|---|---|---|---|---|
| 北京 | 2005 | 3820683 | 171045 | 26555 | 36578 | 665000 | 166634 | 24287918 | 23458795 |
| 天津 | 2005 | 725659 | 33441 | 13299 | 6112 | 1083551 | 408229 | 22002827 | 21430074 |
| 河北 | 2005 | 589320 | 41703 | 7220 | 2336 | 1226615 | 125533 | 7972699 | 7966486 |
| 山西 | 2005 | 262814 | 27438 | 2824 | 1401 | 1204387 | 92432 | 5347791 | 5199061 |
| 内蒙古 | 2005 | 116956 | 13504 | 1946 | 213 | 600087 | 39460 | 2398971 | 2519956 |
| 辽宁 | 2005 | 1247086 | 66104 | 17052 | 8484 | 2277147 | 242310 | 14538635 | 14092440 |
| 吉林 | 2005 | 393039 | 25642 | 4578 | 5012 | 766057 | 49453 | 12937254 | 8623421 |
| 黑龙江 | 2005 | 489073 | 44203 | 6535 | 6424 | 572773 | 55224 | 4295793 | 4370457 |
| 上海 | 2005 | 2083538 | 67048 | 36042 | 19133 | 1226949 | 725317 | 44130105 | 45290856 |
| 江苏 | 2005 | 2698292 | 128028 | 53267 | 13162 | 2741791 | 526625 | 51601011 | 49953133 |
| 浙江 | 2005 | 1632921 | 80120 | 52980 | 10365 | 2535296 | 338051 | 41902139 | 40165796 |
| 安徽 | 2005 | 458994 | 28405 | 4679 | 5411 | 1825764 | 122160 | 7744391 | 6882901 |
| 福建 | 2005 | 536186 | 35716 | 10351 | 2598 | 535603 | 177374 | 14067201 | 13495735 |
| 江西 | 2005 | 285314 | 22064 | 3171 | 875 | 658738 | 138182 | 5059820 | 4908385 |
| 山东 | 2005 | 1951449 | 91142 | 38284 | 6512 | 2000695 | 424751 | 41679963 | 42127047 |
| 河南 | 2005 | 555824 | 51181 | 11538 | 1961 | 1425279 | 228543 | 11373023 | 11126601 |
| 湖北 | 2005 | 749531 | 61226 | 14576 | 9822 | 1689710 | 55013 | 11077193 | 10915374 |
| 湖南 | 2005 | 445235 | 38044 | 10249 | 6231 | 954036 | 57077 | 8175227 | 8022426 |
| 广东 | 2005 | 2437605 | 119359 | 90886 | 6966 | 1722080 | 394075 | 54360988 | 47703380 |
| 广西 | 2005 | 145947 | 17947 | 2784 | 672 | 452819 | 27529 | 4827272 | 5016089 |
| 海南 | 2005 | 15950 | 1225 | 538 | 75 | 4390 | 11945 | 909943 | 813863 |
| 重庆 | 2005 | 319586 | 24619 | 6471 | 2173 | 530288 | 87935 | 11567536 | 11077527 |
| 四川 | 2005 | 965760 | 66382 | 13109 | 6265 | 1443084 | 108402 | 11866664 | 11015527 |
| 贵州 | 2005 | 110349 | 9779 | 2674 | 275 | 586481 | 11604 | 1847384 | 1848784 |
| 云南 | 2005 | 213233 | 14798 | 3085 | 971 | 414228 | 94096 | 2891177 | 3349171 |
| 陕西 | 2005 | 924462 | 53656 | 5717 | 8734 | 377838 | 59139 | 4524883 | 4441316 |
| 甘肃 | 2005 | 196136 | 16795 | 1460 | 2501 | 347830 | 78013 | 2514164 | 2259022 |
| 青海 | 2005 | 29554 | 2590 | 325 | 73 | 18022 | 5655 | 392053 | 386045 |
| 宁夏 | 2005 | 31681 | 4046 | 671 | 57 | 104546 | 15326 | 495621 | 474727 |
| 新疆 | 2005 | 64087 | 6986 | 2256 | 257 | 204487 | 31110 | 848006 | 827286 |

续表

| 地区 | 年份 | RJF（万元） | RRY（人年） | RZL（件） | RLW（篇） | RGZ（万元） | RHQ（万元） | RCZ（万元） | RXS（万元） |
|---|---|---|---|---|---|---|---|---|---|
| 北京 | 2006 | 4329877 | 168398 | 31680 | 41162 | 747901 | 86524.2 | 24710709 | 24967084 |
| 天津 | 2006 | 952370 | 37164 | 15744 | 6009 | 804795 | 627614.1 | 26639610 | 25897623 |
| 河北 | 2006 | 766640 | 43740 | 7853 | 2876 | 1843005 | 369081.6 | 10049685 | 10205694 |
| 山西 | 2006 | 363388 | 38767 | 3333 | 1423 | 1682387 | 114480.5 | 6459130 | 6380437 |
| 内蒙古 | 2006 | 164860 | 14751 | 2015 | 313 | 687576 | 28871.3 | 3244168 | 3398956 |
| 辽宁 | 2006 | 1357857 | 69048 | 19518 | 10318 | 2414435 | 356107.1 | 18466349 | 17921367 |
| 吉林 | 2006 | 409212 | 28456 | 5251 | 5282 | 678688 | 60282.4 | 15275555 | 11442419 |
| 黑龙江 | 2006 | 570294 | 45068 | 7242 | 7664 | 615127 | 86407.3 | 4523993 | 4307003 |
| 上海 | 2006 | 2588386 | 80201 | 47205 | 19928 | 1537701 | 913256.5 | 45464938 | 47153459 |
| 江苏 | 2006 | 3460695 | 138876 | 88950 | 15659 | 3679305 | 837082.1 | 66038703 | 65893529 |
| 浙江 | 2006 | 2240315 | 102761 | 68933 | 11016 | 2960576 | 350873.3 | 49588848 | 47673633 |
| 安徽 | 2006 | 593365 | 29875 | 6070 | 5784 | 2325842 | 218584.7 | 9430186 | 9240920 |
| 福建 | 2006 | 674333 | 40238 | 11341 | 3131 | 471799 | 264954.2 | 15901561 | 15707985 |
| 江西 | 2006 | 377619 | 25797 | 3548 | 1183 | 784455 | 98747.9 | 5907089 | 5696891 |
| 山东 | 2006 | 2341299 | 96637 | 46849 | 8216 | 2470036 | 592440.4 | 54125306 | 53800156 |
| 河南 | 2006 | 798419 | 59692 | 14916 | 2766 | 1927336 | 164974.7 | 13477337 | 13567047 |
| 湖北 | 2006 | 944297 | 62100 | 17376 | 11994 | 2502039 | 95169.8 | 16807369 | 16573052 |
| 湖南 | 2006 | 536174 | 39752 | 11233 | 7427 | 1190962 | 67778.5 | 11744505 | 11461305 |
| 广东 | 2006 | 3130433 | 147233 | 102449 | 8363 | 1566764 | 812488.1 | 74367684 | 71034758 |
| 广西 | 2006 | 182403 | 18940 | 3480 | 887 | 713690 | 15369.4 | 5101835 | 5610945 |
| 海南 | 2006 | 21044 | 1209 | 632 | 102 | 3083 | 3140 | 554576 | 603299 |
| 重庆 | 2006 | 369140 | 26826 | 6715 | 2532 | 493822 | 146648.4 | 15699640 | 15325533 |
| 四川 | 2006 | 1078405 | 68584 | 19165 | 7682 | 1659542 | 216785.5 | 15483679 | 14680731 |
| 贵州 | 2006 | 145113 | 10737 | 2759 | 397 | 559051 | 14857.2 | 1812296 | 1776192 |
| 云南 | 2006 | 209187 | 16027 | 3108 | 1101 | 381469 | 84019.1 | 2608721 | 2850308 |
| 陕西 | 2006 | 1013558 | 59458 | 8499 | 10056 | 692458 | 55503.9 | 5139942 | 4724004 |
| 甘肃 | 2006 | 239530 | 16696 | 1608 | 2871 | 366017 | 98584 | 2394842 | 2288385 |
| 青海 | 2006 | 33412 | 2610 | 387 | 86 | 34861 | 8382.5 | 492449 | 484338 |
| 宁夏 | 2006 | 49749 | 4412 | 838 | 50 | 360958 | 18649 | 805370 | 695037 |
| 新疆 | 2006 | 84760 | 7408 | 2270 | 341 | 344509 | 78852.8 | 1626598 | 1553986 |

续表

| 地区 | 年份 | RJF（万元） | RRY（人年） | RZL（件） | RLW（篇） | RGZ（万元） | RHQ（万元） | RCZ（万元） | RXS（万元） |
|---|---|---|---|---|---|---|---|---|---|
| 北京 | 2007 | 5053870 | 187578 | 43508 | 48076 | 551510 | 108237.1 | 20996833 | 19829168 |
| 天津 | 2007 | 1146921 | 44854 | 18230 | 7101 | 1101271 | 509731.4 | 27085102 | 26215887 |
| 河北 | 2007 | 900165 | 45334 | 9128 | 4484 | 2357275 | 292371.1 | 11018765 | 10952204 |
| 山西 | 2007 | 492506 | 36864 | 5386 | 2365 | 1915636 | 140549.1 | 7189338 | 6081847 |
| 内蒙古 | 2007 | 241982 | 15373 | 2221 | 439 | 777428 | 42093.9 | 5494910 | 3188152 |
| 辽宁 | 2007 | 1653989 | 77157 | 20893 | 11103 | 2595061 | 461816.6 | 23603211 | 23723459 |
| 吉林 | 2007 | 508658 | 32509 | 5536 | 6251 | 541659 | 69662.6 | 28153274 | 28070578 |
| 黑龙江 | 2007 | 660437 | 48205 | 7974 | 9137 | 824793 | 53422.9 | 4947915 | 4911381 |
| 上海 | 2007 | 3074569 | 90145 | 52835 | 24011 | 1325116 | 970030 | 45684640 | 50784738 |
| 江苏 | 2007 | 4301988 | 160482 | 128002 | 20252 | 4173159 | 685335.6 | 72754081 | 72939425 |
| 浙江 | 2007 | 2816032 | 129393 | 89931 | 12633 | 3066194 | 356112.5 | 48262194 | 45261993 |
| 安徽 | 2007 | 717914 | 36163 | 10409 | 6375 | 2032917 | 166017.5 | 14208985 | 12689635 |
| 福建 | 2007 | 821721 | 47593 | 13181 | 3925 | 509104 | 161686.5 | 15594329 | 15279620 |
| 江西 | 2007 | 487867 | 27123 | 3746 | 1690 | 958700 | 167650.8 | 4913423 | 4715900 |
| 山东 | 2007 | 3123081 | 116470 | 60247 | 10842 | 3122826 | 719889.4 | 68490916 | 68376264 |
| 河南 | 2007 | 1011299 | 64879 | 19090 | 4372 | 1508242 | 191084.4 | 14331092 | 16312978 |
| 湖北 | 2007 | 1113179 | 67403 | 21147 | 14654 | 3683065 | 141899.3 | 16668050 | 16505431 |
| 湖南 | 2007 | 735536 | 44942 | 14016 | 8983 | 1715150 | 99058.2 | 17756675 | 17731532 |
| 广东 | 2007 | 4042910 | 199464 | 103883 | 10044 | 1715430 | 909667.7 | 80276649 | 78547987 |
| 广西 | 2007 | 220030 | 20141 | 3884 | 1255 | 1038615 | 16975.1 | 7342792 | 7818720 |
| 海南 | 2007 | 26020 | 1262 | 873 | 124 | 34353 | 73802.1 | 99829 | 101895 |
| 重庆 | 2007 | 469876 | 31563 | 8324 | 3419 | 679410 | 162997.7 | 17440933 | 16889747 |
| 四川 | 2007 | 1391401 | 78849 | 24335 | 9554 | 2054226 | 148226.1 | 19342516 | 17785186 |
| 贵州 | 2007 | 137434 | 11365 | 2943 | 525 | 712991 | 19938.2 | 1872691 | 1774830 |
| 云南 | 2007 | 258776 | 17819 | 4089 | 1438 | 416252 | 64825 | 2269845 | 2307527 |
| 陕西 | 2007 | 1217106 | 65072 | 11898 | 12761 | 984525 | 70842.8 | 6550195 | 6281446 |
| 甘肃 | 2007 | 257220 | 18769 | 2178 | 3658 | 543700 | 109890.3 | 1594080 | 2268508 |
| 青海 | 2007 | 38093 | 2915 | 431 | 110 | 39343 | 2919.5 | 539098 | 541425 |
| 宁夏 | 2007 | 74724 | 5565 | 1087 | 79 | 399607 | 188999.3 | 1050319 | 898957 |
| 新疆 | 2007 | 100169 | 8863 | 2412 | 510 | 294742 | 24722.9 | 1560342 | 949684 |

续表

| 地区 | 年份 | RJF（万元） | RRY（人年） | RZL（件） | RLW（篇） | RGZ（万元） | RHQ（万元） | RCZ（万元） | RXS（万元） |
|---|---|---|---|---|---|---|---|---|---|
| 北京 | 2008 | 5503499 | 189551 | 50236 | 48554 | 987928 | 148355.9 | 25389060 | 24955308 |
| 天津 | 2008 | 1557166 | 48348 | 19624 | 7299 | 1060259 | 305772.3 | 32244555 | 31704983 |
| 河北 | 2008 | 1091113 | 46155 | 11361 | 4107 | 1810961 | 343701.9 | 12864549 | 13062233 |
| 山西 | 2008 | 625574 | 43986 | 6822 | 2053 | 1171228 | 196558.8 | 6759309 | 5970902 |
| 内蒙古 | 2008 | 338950 | 18264 | 2484 | 481 | 929537 | 87840.2 | 6068070 | 5261434 |
| 辽宁 | 2008 | 1900662 | 76673 | 25803 | 11933 | 2303016 | 510220.1 | 21229829 | 21610398 |
| 吉林 | 2008 | 528364 | 31731 | 5934 | 6597 | 593886 | 52674.8 | 15260102 | 16541690 |
| 黑龙江 | 2008 | 866999 | 50717 | 9014 | 9693 | 576845 | 119007.1 | 5952697 | 5519335 |
| 上海 | 2008 | 3553868 | 95129 | 62241 | 25066 | 1325462 | 1180297.9 | 55043843 | 61808136 |
| 江苏 | 2008 | 5809124 | 195333 | 174329 | 23051 | 4046570 | 555073.4 | 96085211 | 93872085 |
| 浙江 | 2008 | 3445714 | 159589 | 108482 | 13495 | 2402404 | 348405.4 | 65844633 | 62826183 |
| 安徽 | 2008 | 983208 | 49465 | 16386 | 6510 | 1164168 | 219872 | 19837705 | 19971178 |
| 福建 | 2008 | 1019288 | 59270 | 17559 | 4369 | 647704 | 278071.4 | 21587590 | 19853442 |
| 江西 | 2008 | 631468 | 28241 | 5224 | 2152 | 448981 | 119152.4 | 7834975 | 7620428 |
| 山东 | 2008 | 4337171 | 160420 | 66857 | 10698 | 2663543 | 736350.4 | 87972651 | 89056730 |
| 河南 | 2008 | 1222763 | 71494 | 19589 | 4774 | 1587321 | 200834.1 | 17092736 | 18287436 |
| 湖北 | 2008 | 1489859 | 72751 | 27206 | 15286 | 2655716 | 145041.8 | 24227652 | 23301606 |
| 湖南 | 2008 | 1127040 | 50253 | 15948 | 9787 | 1977051 | 115449.6 | 24252900 | 23501254 |
| 广东 | 2008 | 5025577 | 238684 | 125673 | 11312 | 1641997 | 842189.6 | 114983738 | 113016974 |
| 广西 | 2008 | 328306 | 23243 | 4277 | 1535 | 1043545 | 19974.7 | 9860600 | 9515760 |
| 海南 | 2008 | 33479 | 1726 | 1040 | 183 | 3221 | 6767.7 | 983000 | 940477 |
| 重庆 | 2008 | 601525 | 34421 | 13482 | 4423 | 577274 | 212172.2 | 26420397 | 24780319 |
| 四川 | 2008 | 1602595 | 86736 | 33047 | 10058 | 2132381 | 148564.2 | 15629200 | 14357774 |
| 贵州 | 2008 | 189298 | 11458 | 3709 | 581 | 783959 | 14730.3 | 3300410 | 3106451 |
| 云南 | 2008 | 309909 | 19754 | 4633 | 1849 | 224466 | 87227.6 | 2408279 | 2328834 |
| 陕西 | 2008 | 1432726 | 64752 | 15570 | 13546 | 1004757 | 69263.9 | 9419636 | 8682771 |
| 甘肃 | 2008 | 318014 | 20118 | 2676 | 3793 | 503343 | 203170.7 | 3641918 | 3442373 |
| 青海 | 2008 | 39092 | 2501 | 499 | 122 | 47129 | 2348.2 | 165564 | 170695 |
| 宁夏 | 2008 | 75490 | 5153 | 1277 | 81 | 292005 | 47113.9 | 1020787 | 1012001 |
| 新疆 | 2008 | 160113 | 8810 | 2872 | 586 | 105558 | 15613 | 2681227 | 2559793 |

注：年份表示区域 R&D 活动初始要素投入时间；RJF 表示 R&D 经费内部支出；RRY 表示 R&D 人员全时当量；RZL 表示专利申请数；RLW 表示国外主要检索工具收录的科技论文数；RGZ 表示技术改造经费支出；RHQ 表示技术获取经费支出；RCZ 表示新产品销售收入；RXS 表示新产品产值。

表 2 2003～2008 年中国分行业 R&D 活动投入产出数据

| 行业 | 年份 | IJF（万元） | IRY（人年） | IZL（件） | IGZ（万元） | IHQ（万元） | ICZ（万元） | IXS（万元） |
|---|---|---|---|---|---|---|---|---|
| 煤炭开采和洗选业 | 2003 | 141183 | 16289 | 210 | 740003 | 96281 | 2012392 | 1935363 |
| 石油和天然气开采业 | 2003 | 137717 | 18642 | 771 | 97607 | 42561 | 786046 | 690805 |
| 黑色金属矿采选业 | 2003 | 1989 | 378 | 12 | 40644 | 5802 | 242 | 201 |
| 有色金属矿采选业 | 2003 | 13756 | 1909 | 12 | 56087 | 15388 | 95284 | 86923 |
| 非金属矿采选业 | 2003 | 8765 | 799 | 32 | 56853 | 2441 | 65119 | 115747 |
| 农副食品加工业 | 2003 | 45541 | 5195 | 252 | 149395 | 18541 | 1337725 | 1180713 |
| 食品制造业 | 2003 | 57331 | 3296 | 1104 | 136555 | 54934 | 1279105 | 1252892 |
| 饮料制造业 | 2003 | 82703 | 6869 | 971 | 366620 | 27663 | 1628717 | 1792223 |
| 烟草制品业 | 2003 | 46012 | 1991 | 115 | 558259 | 119892 | 3306625 | 2888426 |
| 纺织业 | 2003 | 155470 | 13679 | 719 | 646706 | 229318 | 6859715 | 6371394 |
| 纺织服装、鞋、帽制造业 | 2003 | 55723 | 3003 | 249 | 138282 | 57925 | 2195314 | 1987148 |
| 皮革、毛皮、羽毛（绒）及其制品业 | 2003 | 16619 | 1919 | 105 | 45374 | 716 | 1189575 | 1201586 |
| 木材加工及木、竹、藤、棕、草制品业 | 2003 | 16931 | 655 | 111 | 35979 | 18180 | 648481 | 645738 |
| 家具制造业 | 2003 | 2585 | 372 | 124 | 16856 | 600 | 598697 | 590586 |
| 造纸及纸制品业 | 2003 | 73740 | 2767 | 109 | 240551 | 34599 | 1340427 | 1350279 |
| 印刷业和记录媒介的复制 | 2003 | 21124 | 1615 | 181 | 67014 | 25885 | 488742 | 476802 |
| 文教体育用品制造业 | 2003 | 12333 | 1075 | 676 | 14660 | 4241 | 496612 | 476376 |

续表

| 行业 | 年份 | IJF（万元） | IRY（人年） | IZL（件） | IGZ（万元） | IHQ（万元） | ICZ（万元） | IXS（万元） |
|---|---|---|---|---|---|---|---|---|
| 石油加工、炼焦及核燃料加工业 | 2003 | 63261 | 7468 | 389 | 1555622 | 203073 | 4836904 | 5034605 |
| 化学原料及化学制品制造业 | 2003 | 466728 | 35041 | 1606 | 2775005 | 377213 | 10438308 | 10387126 |
| 医药制造业 | 2003 | 276665 | 17518 | 1696 | 571002 | 126990 | 5119020 | 4693608 |
| 化学纤维制造业 | 2003 | 57872 | 3251 | 128 | 283474 | 74494 | 4310983 | 4199406 |
| 橡胶制品业 | 2003 | 72799 | 3762 | 249 | 233943 | 43509 | 3621689 | 3284607 |
| 塑料制品业 | 2003 | 61030 | 3439 | 440 | 100107 | 41465 | 1912066 | 1731406 |
| 非金属矿物制品业 | 2003 | 156269 | 16202 | 1220 | 724687 | 55687 | 3085914 | 3006211 |
| 黑色金属冶炼及压延加工业 | 2003 | 647622 | 23771 | 921 | 7703845 | 530890 | 22175633 | 21976831 |
| 有色金属冶炼及压延加工业 | 2003 | 135917 | 13557 | 770 | 1273816 | 256836 | 6460649 | 6311734 |
| 金属制品业 | 2003 | 70787 | 5978 | 1093 | 272065 | 26370 | 2369277 | 2192939 |
| 通用设备制造业 | 2003 | 428689 | 37920 | 2597 | 825353 | 171493 | 15134303 | 14386423 |
| 专用设备制造业 | 2003 | 317356 | 32021 | 2098 | 555661 | 83189 | 8602681 | 8194074 |
| 交通运输设备制造业 | 2003 | 956528 | 68391 | 4849 | 2031078 | 754743 | 52723955 | 45774759 |
| 电气机械及器材制造业 | 2003 | 744867 | 35005 | 8353 | 955644 | 198058 | 26271967 | 24895795 |
| 通信设备、计算机及其他电子设备制造业 | 2003 | 1635397 | 73331 | 8286 | 882724 | 1129361 | 58971262 | 58549298 |
| 仪器仪表及文化、办公用机械制造业 | 2003 | 85894 | 8938 | 1132 | 139583 | 22952 | 2771527 | 2662219 |

续表

| 行业 | 年份 | IJF（万元） | IRY（人年） | IZL（件） | IGZ（万元） | IHQ（万元） | ICZ（万元） | IXS（万元） |
|---|---|---|---|---|---|---|---|---|
| 工艺品及其他制造业 | 2003 | 20123 | 2150 | 382 | 55811 | 5300 | 564130 | 545992 |
| 电力、热力的生产和供应业 | 2003 | 110536 | 8770 | 275 | 1453472 | 59499 | 122125 | 98667 |
| 燃气生产和供应业 | 2003 | 2581 | 416 | 18 | 27100 | 1441 | 430 | 436 |
| 水的生产和供应业 | 2003 | 7307 | 682 | 63 | 57575 | 856 | 699 | 624 |
| 煤炭开采和洗选业 | 2004 | 258467 | 18537 | 250 | 926406 | 87915 | 2824053 | 2800598 |
| 石油和天然气开采业 | 2004 | 217296 | 21530 | 774 | 123364 | 27761 | 220212 | 163802 |
| 黑色金属矿采选业 | 2004 | 2890 | 454 | 21 | 20853 | 1017 | 28702 | 28355 |
| 有色金属矿采选业 | 2004 | 12713 | 987 | 13 | 111937 | 8465.5 | 338026 | 338517 |
| 非金属矿采选业 | 2004 | 6064 | 808 | 10 | 41652 | 2868.5 | 53148 | 52932 |
| 农副食品加工业 | 2004 | 53777 | 5840 | 179 | 194286 | 53454 | 2077399 | 1915970 |
| 食品制造业 | 2004 | 64065 | 4466 | 630 | 112639 | 22368 | 2211759 | 2267964 |
| 饮料制造业 | 2004 | 118054 | 4822 | 1085 | 378749 | 45287 | 2821700 | 2708005 |
| 烟草制品业 | 2004 | 52279 | 2385 | 240 | 363355 | 52645 | 2325321 | 2802990 |
| 纺织业 | 2004 | 253159 | 15007 | 1297 | 631560 | 64158 | 7845980 | 7330100 |
| 纺织服装、鞋、帽制造业 | 2004 | 54083 | 3379 | 487 | 81565 | 14819 | 1883912 | 1765344 |
| 皮革、毛皮、羽毛（绒）及其制品业 | 2004 | 19363 | 2780 | 124 | 35966 | 6925 | 1350954 | 1340414 |
| 木材加工及木、竹、藤、棕、草制品业 | 2004 | 23102 | 1029 | 100 | 66502 | 6956 | 693747 | 690380 |

续表

| 行业 | 年份 | IJF（万元） | IRY（人年） | IZL（件） | IGZ（万元） | IHQ（万元） | ICZ（万元） | IXS（万元） |
|---|---|---|---|---|---|---|---|---|
| 家具制造业 | 2004 | 18429 | 860 | 141 | 17582 | 1225 | 867856 | 860479 |
| 造纸及纸制品业 | 2004 | 84822 | 4298 | 137 | 256274 | 77812 | 3702834 | 3731135 |
| 印刷业和记录媒介的复制 | 2004 | 17235 | 1591 | 138 | 65532 | 28665 | 655514 | 635811 |
| 文教体育用品制造业 | 2004 | 24129 | 2328 | 1286 | 20714 | 887 | 608274 | 575274 |
| 石油加工、炼焦及核燃料加工业 | 2004 | 102484 | 6165 | 411 | 1334154 | 114607 | 5862216 | 6036207 |
| 化学原料及化学制品制造业 | 2004 | 676867 | 35369 | 2155 | 2969878 | 285111 | 12496876 | 12367960 |
| 医药制造业 | 2004 | 281812 | 21527 | 2708 | 441007 | 126827 | 6048864 | 5699191 |
| 化学纤维制造业 | 2004 | 79431 | 2962 | 155 | 235606 | 30901 | 4268383 | 4194877 |
| 橡胶制品业 | 2004 | 99437 | 4871 | 299 | 224585 | 43192 | 3621269 | 3563320 |
| 塑料制品业 | 2004 | 83026 | 5447 | 425 | 180825 | 30252 | 2375979 | 2327691 |
| 非金属矿物制品业 | 2004 | 160514 | 13686 | 1482 | 506989 | 43268 | 4154420 | 3678125 |
| 黑色金属冶炼及压延加工业 | 2004 | 886566 | 26763 | 1143 | 9764963 | 812398 | 28085982 | 28422277 |
| 有色金属冶炼及压延加工业 | 2004 | 198657 | 12012 | 1088 | 1259607 | 172205 | 11602229 | 11035266 |
| 金属制品业 | 2004 | 83989 | 7406 | 2008 | 258809 | 46215 | 3073419 | 3028034 |
| 通用设备制造业 | 2004 | 509239 | 47220 | 3484 | 992663 | 197159 | 18852280 | 18177067 |
| 专用设备制造业 | 2004 | 346521 | 37474 | 2880 | 734916 | 106085 | 11484070 | 10938978 |
| 交通运输设备制造业 | 2004 | 1274728 | 68993 | 6251 | 2191403 | 629824 | 72082721 | 67767214 |

续表

| 行业 | 年份 | IJF（万元） | IRY（人年） | IZL（件） | IGZ（万元） | IHQ（万元） | ICZ（万元） | IXS（万元） |
|---|---|---|---|---|---|---|---|---|
| 电气机械及器材制造业 | 2004 | 934264 | 41523 | 9528 | 953232 | 242447 | 30812560 | 29759673 |
| 通信设备、计算机及其他电子设备制造业 | 2004 | 2262135 | 87631 | 12838 | 662233 | 1017958 | 72211842 | 70576227 |
| 仪器仪表及文化、办公用机械制造业 | 2004 | 125810 | 17179 | 805 | 125414 | 40495 | 3732383 | 3604714 |
| 工艺品及其他制造业 | 2004 | 39766 | 4748 | 339 | 61460 | 8824 | 1051620 | 968325 |
| 电力、热力的生产和供应业 | 2004 | 108497 | 8577 | 302 | 1450060 | 46712 | 292433 | 174643 |
| 燃气生产和供应业 | 2004 | 2085 | 214 | 16 | 28903 | 1597 | 100 | 80 |
| 水的生产和供应业 | 2004 | 8559 | 869 | 42 | 102858 | 1729 | 589 | 146 |
| 煤炭开采和洗选业 | 2005 | 284059 | 29108 | 375 | 1164396 | 107649 | 3569702 | 3293589 |
| 石油和天然气开采业 | 2005 | 220866 | 19552 | 1023 | 123474 | 90167 | 256671 | 230734 |
| 黑色金属矿采选业 | 2005 | 3998 | 520 | 15 | 26886 | 2917 | 71271 | 51297 |
| 有色金属矿采选业 | 2005 | 11435 | 1054 | 48 | 117612 | 5762 | 363660 | 361001 |
| 非金属矿采选业 | 2005 | 17930 | 1057 | 22 | 56912 | 2063. 3 | 175301 | 192707 |
| 农副食品加工业 | 2005 | 87679 | 4507 | 457 | 193352 | 28869 | 3701882 | 3415256 |
| 食品制造业 | 2005 | 82151 | 4978 | 1274 | 119363 | 29212 | 2887992 | 3097380 |
| 饮料制造业 | 2005 | 151342 | 6201 | 835 | 539881 | 23560 | 3862550 | 3675322 |
| 烟草制品业 | 2005 | 85699 | 3013 | 171 | 413873 | 92245 | 5311980 | 5121949 |

续表

| 行业 | 年份 | IJF（万元） | IRY（人年） | IZL（件） | IGZ（万元） | IHQ（万元） | ICZ（万元） | IXS（万元） |
|---|---|---|---|---|---|---|---|---|
| 纺织业 | 2005 | 295388 | 20621 | 1968 | 576108 | 137104 | 9178200 | 8674974 |
| 纺织服装、鞋、帽制造业 | 2005 | 79440 | 3659 | 355 | 89188 | 9380 | 2894386 | 2762528 |
| 皮革、毛皮、羽毛（绒）及其制品业 | 2005 | 24829 | 2058 | 179 | 52539 | 7176 | 1957712 | 1889837 |
| 木材加工及木、竹、藤、棕、草制品业 | 2005 | 38891 | 1218 | 341 | 28880 | 5690 | 868204 | 832460 |
| 家具制造业 | 2005 | 19174 | 1095 | 281 | 18049 | 10064 | 1165396 | 1103943 |
| 造纸及纸制品业 | 2005 | 119811 | 5230 | 161 | 321099 | 85038 | 4530027 | 4359831 |
| 印刷业和记录媒介的复制 | 2005 | 22630 | 1736 | 114 | 63697 | 17969 | 832964 | 846373 |
| 文教体育用品制造业 | 2005 | 24730 | 2102 | 1253 | 20868 | 4640 | 693696 | 724093 |
| 石油加工、炼焦及核燃料加工业 | 2005 | 104084 | 7855 | 242 | 2229405 | 83861 | 8784407 | 8528190 |
| 化学原料及化学制品制造业 | 2005 | 846315 | 34518 | 2508 | 2759972 | 353639 | 19059949 | 18476904 |
| 医药制造业 | 2005 | 399510 | 19584 | 2383 | 483438 | 113411 | 7887357 | 7126886 |
| 化学纤维制造业 | 2005 | 121196 | 4246 | 306 | 352201 | 30030 | 5221970 | 4992211 |
| 橡胶制品业 | 2005 | 121221 | 5505 | 256 | 292186 | 41226 | 4857387 | 4698769 |
| 塑料制品业 | 2005 | 98311 | 4605 | 659 | 146663 | 69274 | 3037126 | 2920540 |
| 非金属矿物制品业 | 2005 | 220728 | 14175 | 1825 | 579460 | 50254 | 5092833 | 4838856 |
| 黑色金属冶炼及压延加工业 | 2005 | 1268878 | 35578 | 1837 | 9274607 | 1022872 | 39162551 | 40508968 |
| 有色金属冶炼及压延加工业 | 2005 | 357960 | 17556 | 1509 | 1769803 | 205854 | 13266131 | 12899896 |

续表

| 行业 | 年份 | IJF（万元） | IRY（人年） | IZL（件） | IGZ（万元） | IHQ（万元） | ICZ（万元） | IXS（万元） |
|---|---|---|---|---|---|---|---|---|
| 金属制品业 | 2005 | 154393 | 9169 | 1590 | 244496 | 34688 | 4738920 | 4627202 |
| 通用设备制造业 | 2005 | 688160 | 43369 | 4390 | 938685 | 319020 | 24295655 | 23920843 |
| 专用设备制造业 | 2005 | 551519 | 38870 | 3418 | 899911 | 131343 | 15673161 | 14726867 |
| 交通运输设备制造业 | 2005 | 1737121 | 83618 | 8273 | 2582034 | 678514 | 91747616 | 86664865 |
| 电气机械及器材制造业 | 2005 | 1180591 | 43371 | 8775 | 1111553 | 224981 | 44421551 | 39161846 |
| 通信设备、计算机及其他电子设备制造业 | 2005 | 2766722 | 111486 | 19886 | 723031 | 768395 | 89898499 | 87447559 |
| 仪器仪表及文化、办公用机械制造业 | 2005 | 165441 | 12363 | 1340 | 169093 | 55662 | 5831396 | 5569613 |
| 工艺品及其他制造业 | 2005 | 30103 | 2726 | 641 | 81139 | 8369 | 1729783 | 1557519 |
| 电力、热力的生产和供应业 | 2005 | 114378 | 9233 | 266 | 1521610 | 44144 | 607328 | 460758 |
| 燃气生产和供应业 | 2005 | 986 | 150 | 13 | 35614 | 2181 | 290 | 80 |
| 水的生产和供应业 | 2005 | 4081 | 677 | 20 | 74495 | 1358 | 2126 | 13 |
| 煤炭开采和洗选业 | 2006 | 368961 | 38249 | 425 | 1660046 | 136419.8 | 6386351 | 5802485 |
| 石油和天然气开采业 | 2006 | 227269 | 21140 | 1113 | 182423 | 66698.1 | 5583962 | 3182161 |
| 黑色金属矿采选业 | 2006 | 4205 | 588 | 30 | 31109 | 2545 | 124703 | 107159 |
| 有色金属矿采选业 | 2006 | 14645 | 980 | 78 | 205576 | 9923.3 | 509090 | 510800 |

续表

| 行业 | 年份 | IJF（万元） | IRY（人年） | IZL（件） | IGZ（万元） | IHQ（万元） | ICZ（万元） | IXS（万元） |
|---|---|---|---|---|---|---|---|---|
| 非金属矿采选业 | 2006 | 12538 | 1155 | 45 | 136258 | 2601.2 | 185839 | 178634 |
| 农副食品加工业 | 2006 | 134042 | 5729 | 440 | 298611 | 104495.7 | 6793716 | 5690113 |
| 食品制造业 | 2006 | 117691 | 5712 | 1011 | 169861 | 68893.2 | 4112564 | 3787164 |
| 饮料制造业 | 2006 | 187854 | 6061 | 928 | 620161 | 44592.1 | 4219386 | 4054207 |
| 烟草制品业 | 2006 | 63083 | 2688 | 344 | 528701 | 78764.9 | 3459330 | 3418522 |
| 纺织业 | 2006 | 342865 | 19724 | 4663 | 644175 | 121228 | 10457916 | 10189503 |
| 纺织服装、鞋、帽制造业 | 2006 | 88208 | 4142 | 546 | 115021 | 10704.3 | 2735842 | 2578006 |
| 皮革、毛皮、羽毛（绒）及其制品业 | 2006 | 29397 | 2011 | 294 | 77837 | 16713.9 | 2248566 | 2176545 |
| 木材加工及木、竹、藤、棕、草制品业 | 2006 | 31943 | 1304 | 302 | 54462 | 20050.4 | 1266080 | 1242282 |
| 家具制造业 | 2006 | 24877 | 872 | 964 | 13805 | 4022.3 | 917900 | 847405 |
| 造纸及纸制品业 | 2006 | 151021 | 5237 | 265 | 525083 | 228975.3 | 5638903 | 5098652 |
| 印刷业和记录媒介的复制 | 2006 | 23733 | 1604 | 288 | 76199 | 34147.7 | 896908 | 888777 |
| 文教体育用品制造业 | 2006 | 32264 | 2206 | 1442 | 21005 | 3030.4 | 890306 | 836094 |
| 石油加工、炼焦及核燃料加工业 | 2006 | 160539 | 7457 | 204 | 2385049 | 81664.9 | 8989953 | 9098068 |
| 化学原料及化学制品制造业 | 2006 | 978548 | 43550 | 2870 | 2883180 | 687807.5 | 23941513 | 23136894 |
| 医药制造业 | 2006 | 525856 | 25391 | 3056 | 473091 | 128908.3 | 10196336 | 9489106 |
| 化学纤维制造业 | 2006 | 196216 | 5954 | 452 | 472554 | 37186.6 | 6252794 | 6149381 |

续表

| 行业 | 年份 | IJF（万元） | IRY（人年） | IZL（件） | IGZ（万元） | IHQ（万元） | ICZ（万元） | IXS（万元） |
|---|---|---|---|---|---|---|---|---|
| 橡胶制品业 | 2006 | 209353 | 5768 | 420 | 303663 | 68421.6 | 5225483 | 5143548 |
| 塑料制品业 | 2006 | 142340 | 5207 | 919 | 129048 | 38898.6 | 3901173 | 4175087 |
| 非金属矿物制品业 | 2006 | 256951 | 14663 | 2178 | 717231 | 86532.5 | 6988502 | 6861962 |
| 黑色金属冶炼及压延加工业 | 2006 | 1621326 | 37933 | 2787 | 11614080 | 1436358.9 | 55643446 | 56552147 |
| 有色金属冶炼及压延加工业 | 2006 | 553921 | 19237 | 2062 | 1913294 | 237283.2 | 15018711 | 14746111 |
| 金属制品业 | 2006 | 209652 | 9883 | 1989 | 298091 | 83626.9 | 7117643 | 6769982 |
| 通用设备制造业 | 2006 | 1034914 | 49865 | 5538 | 1248113 | 380207.7 | 29403965 | 28350676 |
| 专用设备制造业 | 2006 | 759041 | 42822 | 4877 | 1216416 | 108228.7 | 20306466 | 19718456 |
| 交通运输设备制造业 | 2006 | 2239728 | 92907 | 11668 | 2917953 | 751026.4 | 104629334 | 103211736 |
| 电气机械及器材制造业 | 2006 | 1669087 | 64144 | 12215 | 1259526 | 317351.4 | 53094123 | 52882105 |
| 通信设备、计算机及其他电子设备制造业 | 2006 | 3483945 | 122066 | 27894 | 905412 | 1319495.9 | 109232812 | 109019941 |
| 仪器仪表及文化、办公用机械制造业 | 2006 | 187741 | 13238 | 1912 | 178333 | 78403.1 | 6146725 | 5655806 |
| 工艺品及其他制造业 | 2006 | 57750 | 4618 | 1048 | 45529 | 12148.1 | 1130965 | 1105075 |
| 电力、热力的生产和供应业 | 2006 | 154254 | 10618 | 619 | 1959131 | 76221.4 | 245157 | 242077 |
| 燃气生产和供应业 | 2006 | 1269 | 205 | 11 | 23131 | 573.25 | 31515 | 47771 |
| 水的生产和供应业 | 2006 | 4885 | 741 | 8 | 195739 | 2447 | 22267 | 22262 |

续表

| 行业 | 年份 | IJF（万元） | IRY（人年） | IZL（件） | IGZ（万元） | IHQ（万元） | ICZ（万元） | IXS（万元） |
|---|---|---|---|---|---|---|---|---|
| 煤炭开采和洗选业 | 2007 | 477496 | 36051 | 715 | 1796169 | 296320.7 | 7014747 | 6524027 |
| 石油和天然气开采业 | 2007 | 271760 | 26335 | 1150 | 138884 | 20770.2 | 144778 | 153388 |
| 黑色金属矿采选业 | 2007 | 13013 | 528 | 46 | 152455 | 2346.4 | 79342 | 78741 |
| 有色金属矿采选业 | 2007 | 39194 | 1842 | 88 | 94388 | 5391.9 | 619313 | 617941 |
| 非金属矿采选业 | 2007 | 20846 | 1591 | 56 | 81033 | 3183.8 | 238915 | 234863 |
| 农副食品加工业 | 2007 | 204907 | 8212 | 737 | 341268 | 32005.6 | 6912026 | 6336931 |
| 食品制造业 | 2007 | 159083 | 6260 | 1198 | 230477 | 54077.2 | 4898535 | 4670113 |
| 饮料制造业 | 2007 | 266493 | 9535 | 1036 | 577283 | 33888.9 | 4360427 | 4367562 |
| 烟草制品业 | 2007 | 87081 | 3265 | 594 | 505131 | 67163.3 | 6859209 | 7547039 |
| 纺织业 | 2007 | 433510 | 20408 | 5629 | 690870 | 139065.2 | 18165831 | 15330843 |
| 纺织服装、鞋、帽制造业 | 2007 | 96603 | 4996 | 620 | 72621 | 17522.2 | 4552441 | 4278844 |
| 皮革、毛皮、羽毛（绒）及其制品业 | 2007 | 46033 | 3513 | 546 | 56576 | 9492.4 | 2719907 | 2608667 |
| 木材加工及木、竹、藤、棕、草制品业 | 2007 | 51686 | 2531 | 322 | 68139 | 13695.3 | 1554049 | 1510201 |
| 家具制造业 | 2007 | 37415 | 1187 | 1204 | 17052 | 3188.1 | 1040644 | 1151529 |
| 造纸及纸制品业 | 2007 | 170425 | 5626 | 507 | 461407 | 136312.2 | 5729127 | 5502603 |
| 印刷业和记录媒介的复制 | 2007 | 50287 | 2309 | 204 | 118223 | 19032.7 | 1260114 | 1241597 |
| 文教体育用品制造业 | 2007 | 39106 | 3234 | 1653 | 13648 | 2899.8 | 1128780 | 1113193 |

续表

| 行业 | 年份 | IJF（万元） | IRY（人年） | IZL（件） | IGZ（万元） | IHQ（万元） | ICZ（万元） | IXS（万元） |
|---|---|---|---|---|---|---|---|---|
| 石油加工、炼焦及核燃料加工业 | 2007 | 195286 | 8130 | 256 | 2020837 | 64768 | 5900798 | 6170503 |
| 化学原料及化学制品制造业 | 2007 | 1411622 | 54725 | 3935 | 3420372 | 637356 | 28352879 | 27273660 |
| 医药制造业 | 2007 | 658836 | 30778 | 3917 | 513721 | 152645 | 13440843 | 12483159 |
| 化学纤维制造业 | 2007 | 268027 | 7276 | 446 | 519319 | 46404 | 5638440 | 7114423 |
| 橡胶制品业 | 2007 | 280685 | 7089 | 771 | 276169 | 25365 | 6300020 | 6096850 |
| 塑料制品业 | 2007 | 138757 | 10350 | 1283 | 127696 | 12038 | 4757224 | 4574561 |
| 非金属矿物制品业 | 2007 | 295624 | 15369 | 2524 | 1019073 | 70795 | 8786610 | 8369690 |
| 黑色金属冶炼及压延加工业 | 2007 | 2198162 | 49075 | 3529 | 12816089 | 1610369 | 46658913 | 47337141 |
| 有色金属冶炼及压延加工业 | 2007 | 668903 | 22891 | 3034 | 2797026 | 517223 | 13205905 | 13852482 |
| 金属制品业 | 2007 | 319334 | 12515 | 3433 | 358540 | 106590 | 6997185 | 6789418 |
| 通用设备制造业 | 2007 | 1375979 | 59700 | 6987 | 1450804 | 327049 | 33717044 | 32737014 |
| 专用设备制造业 | 2007 | 1093874 | 51296 | 7922 | 1408857 | 118776 | 25849579 | 24840531 |
| 交通运输设备制造业 | 2007 | 3012684 | 112912 | 12888 | 3658615 | 1242507 | 144815747 | 145705929 |
| 电气机械及器材制造业 | 2007 | 2138015 | 70910 | 17322 | 1680181 | 295480 | 64694733 | 59980864 |
| 通信设备、计算机及其他电子设备制造业 | 2007 | 4041328 | 170923 | 30386 | 1132879 | 885968 | 102177761 | 104362336 |
| 仪器仪表及文化、办公用机械制造业 | 2007 | 290926 | 17859 | 4067 | 196200 | 74561 | 6572843 | 6968492 |

续表

| 行业 | 年份 | IJF（万元） | IRY（人年） | IZL（件） | IGZ（万元） | IHQ（万元） | ICZ（万元） | IXS（万元） |
|---|---|---|---|---|---|---|---|---|
| 工艺品及其他制造业 | 2007 | 64973 | 4696 | 1098 | 32565 | 20238 | 1634354 | 1437988 |
| 电力、热力的生产和供应业 | 2007 | 197927 | 12760 | 1912 | 2651493 | 62766 | 358024 | 315057 |
| 燃气生产和供应业 | 2007 | 1676 | 204 | 31 | 50318 | 321. 58 | 29791 | 95462 |
| 水的生产和供应业 | 2007 | 7007 | 765 | 28 | 130515 | 2942 | 2820 | 2813 |
| 煤炭开采和洗选业 | 2008 | 633240 | 45955 | 984 | 1892720 | 252526. 8 | 4487545 | 3787927 |
| 石油和天然气开采业 | 2008 | 364242 | 26086 | 1429 | 20124 | 14632. 7 | 298153 | 249845 |
| 黑色金属矿采选业 | 2008 | 21887 | 2108 | 63 | 85504 | 1506. 9 | 128353 | 101795 |
| 有色金属矿采选业 | 2008 | 40747 | 2348 | 125 | 90580 | 4562. 8 | 319332 | 305573 |
| 非金属矿采选业 | 2008 | 22195 | 1710 | 73 | 80171 | 11276. 2 | 207399 | 205658 |
| 农副食品加工业 | 2008 | 277357 | 8772 | 1224 | 362556 | 33847. 7 | 7578983 | 7623757 |
| 食品制造业 | 2008 | 178758 | 7104 | 1815 | 215992 | 51179. 2 | 6072677 | 5906578 |
| 饮料制造业 | 2008 | 323797 | 14250 | 1496 | 427567 | 54920. 8 | 5931425 | 5825543 |
| 烟草制品业 | 2008 | 95144 | 3573 | 644 | 645726 | 72931. 2 | 7746158 | 8014047 |
| 纺织业 | 2008 | 533389 | 26851 | 5382 | 617826 | 135133 | 23625119 | 23521640 |
| 纺织服装、鞋、帽制造业 | 2008 | 123017 | 5259 | 1530 | 87917 | 10311 | 5457619 | 4833870 |
| 皮革、毛皮、羽毛（绒）及其制品业 | 2008 | 54885 | 3032 | 857 | 34224 | 7107. 8 | 2994880 | 2982504 |
| 木材加工及木、竹、藤、棕、草制品业 | 2008 | 57389 | 1940 | 973 | 81259 | 18892. 2 | 1759032 | 1682615 |

续表

| 行业 | 年份 | IJF（万元） | IRY（人年） | IZL（件） | IGZ（万元） | IHQ（万元） | ICZ（万元） | IXS（万元） |
|---|---|---|---|---|---|---|---|---|
| 家具制造业 | 2008 | 37956 | 1618 | 1171 | 19760 | 2826. 1 | 1285394 | 1257159 |
| 造纸及纸制品业 | 2008 | 256335 | 7435 | 635 | 534864 | 255614. 6 | 7152185 | 7015265 |
| 印刷业和记录媒介的复制 | 2008 | 49277 | 3021 | 547 | 117190 | 33769. 8 | 1388119 | 1564069 |
| 文教体育用品制造业 | 2008 | 57532 | 3360 | 2431 | 41160 | 5825. 7 | 1243586 | 1149673 |
| 石油加工、炼焦及核燃料加工业 | 2008 | 281858 | 9907 | 395 | 1984151 | 115278. 3 | 7758311 | 7822588 |
| 化学原料及化学制品制造业 | 2008 | 1766236 | 62953 | 5917 | 3132922 | 709300. 9 | 36706783 | 33844837 |
| 医药制造业 | 2008 | 790879 | 40192 | 4785 | 627433 | 149977. 7 | 17722063 | 16755263 |
| 化学纤维制造业 | 2008 | 304306 | 8176 | 710 | 306997 | 41880. 2 | 7245040 | 6815209 |
| 橡胶制品业 | 2008 | 320282 | 10037 | 1085 | 230093 | 61022. 2 | 8153163 | 8060036 |
| 塑料制品业 | 2008 | 251088 | 15398 | 2577 | 117531 | 43265. 3 | 5169437 | 5076201 |
| 非金属矿物制品业 | 2008 | 456546 | 22432 | 5283 | 864026 | 90966 | 11013998 | 10273591 |
| 黑色金属冶炼及压延加工业 | 2008 | 3013223 | 48074 | 4824 | 10228133 | 1520776. 8 | 56028121 | 56971040 |
| 有色金属冶炼及压延加工业 | 2008 | 855305 | 27228 | 3178 | 1966266 | 422200. 5 | 22461993 | 21947146 |
| 金属制品业 | 2008 | 434427 | 18345 | 4286 | 315338 | 57800. 7 | 9478370 | 9192982 |
| 通用设备制造业 | 2008 | 1755960 | 72753 | 10618 | 1322433 | 357347. 4 | 40732532 | 39991392 |
| 专用设备制造业 | 2008 | 1455731 | 62240 | 9627 | 1449935 | 152875. 3 | 33276252 | 32301119 |
| 交通运输设备制造业 | 2008 | 3728515 | 121060 | 19131 | 3805286 | 1548851. 5 | 167349904 | 171165190 |
| 电气机械及器材制造业 | 2008 | 2751807 | 88196 | 22541 | 1788183 | 357142. 7 | 89322981 | 86302465 |

续表

| 行业 | 年份 | IJF（万元） | IRY（人年） | IZL（件） | IGZ（万元） | IHQ（万元） | ICZ（万元） | IXS（万元） |
|---|---|---|---|---|---|---|---|---|
| 通信设备、计算机及其他电子设备制造业 | 2008 | 4808652 | 201456 | 40263 | 777220 | 602165.5 | 133569302 | 133689434 |
| 仪器仪表及文化、办公用机械制造业 | 2008 | 378580 | 22474 | 5381 | 208262 | 71369.1 | 9427243 | 9534769 |
| 工艺品及其他制造业 | 2008 | 65473 | 4899 | 1742 | 42070 | 7034.6 | 2007565 | 1931649 |
| 电力、热力的生产和供应业 | 2008 | 257255 | 12370 | 2974 | 2025485 | 54081.6 | 863829 | 842338 |
| 燃气生产和供应业 | 2008 | 3279 | 413 | 6 | 94720 | 2235.15 | 28067 | 26821 |
| 水的生产和供应业 | 2008 | 6474 | 392 | 43 | 71880 | 176.7 | 20441 | 17824 |

注：年份表示行业 R&D 活动初始要素投入时间；IJF 表示 R&D 经费内部支出；IRY 表示 R&D 人员全时当量；IZL 表示专利申请数；IGZ 表示技术改造经费支出；IHQ 表示技术获取经费支出；ICZ 表示新产品产值；IXS 表示新产品销售收入。

# 参考文献

[1] Abbott M., Doucouliagos C. The efficiency of Australian universities: A data envelopment analysis [J]. *Economics of Education Review*, 2003 (22): 89 -97.

[2] Adams J. D., Griliches Z. Research productivity in a system of universities [J]. *Annales d'Economie et de Statistique*, 1998: 127 -162.

[3] Adams J. D., Jaffe A. B. Bounding the effects of R&D: An investigation using matched establishment - firm data [J]. *National Bureau of Economic Research*, 1996, 27 (4): 700 -721.

[4] Banker R. D., Charnes A., Cooper W. W. Some models for estimating technical and scale inefficiencies in data envelopment analysis [J]. *Management Science*, 1984 (30): 1078 -1092.

[5] Banker R. D., Natarajan R. Statistical tests based on DEA efficiency scores [J]. *Handbook on Data Envelopment Analysis*, 2011: 273 -295.

[6] Banker R. D. Hypothesis tests using data envelopment analysis [J]. *Journal of Productivity Analysis*, 1996 (7): 139 -159.

[7] Banker R. D. Maximum likelihood, consistency and data envelopment analysis: A statistical foundation [J]. *Management Science*, 1993 (39): 1265 -1273.

[8] Cai Y. Factors affecting the efficiency of the BRICSs' national innovation system: A comparative study based on DEA and Panel Data Analysts [J]. *SSRN Electronic Journal*, 2011.

[9] Caves D. W., Christensen L. R., Diewert W. E. The economic theory of index numbers and the measurement of input, output, and productivity [J]. *Econometrica: Journal of the Econometric Society*, 1982: 1393 -1414.

[10] Charnes A., Clark C. T., Cooper W., Golany B. A developmental study of data envelopment analysis in measuring the efficiency of maintenance units in the US air forces [J]. *Annals of Operations Research*, 1984 (2): 95 -112.

[11] Charnes A., Cooper W. W., Rhodes E. Measuring the efficiency of decision making units [J]. *European Journal of Operational Research*, 1978 (2): 429 - 444.

[12] Chen C. J., Wu H. L., Lin B. W. Evaluating the development of high - tech industries: Taiwan's science park [J]. *Technological Forecasting and Social Change*, 2006 (73): 452 - 465.

[13] Chen C. P., Hu J. L., Yang C. H. An international comparison of R&D efficiency of multiple innovative outputs: The role of the national innovation system [J]. *Innovation: Management, Policy & Practice*, 2011 (13): 341 - 360.

[14] Chen K., Guan J. Mapping the functionality of China's regional innovation systems: A structural approach [J]. *China Economic Review*, 2011 (22): 11 - 27.

[15] Chen K., Guan J. Mapping the innovation production process from accumulative advantage to economic outcomes: A path modeling approach [J]. *Technovation*, 2011 (31): 336 - 346.

[16] Chen Y., Cook W. D., Li N., Zhu J. Additive efficiency decomposition in two - stage DEA [J]. *European Journal of Operational Research*, 2009 (196): 1170 - 1176.

[17] Chen Y., Zhu J. Measuring information technology's indirect impact on firm performance [J]. *Information Technology and Management*, 2004 (5): 9 - 22.

[18] Cherchye L., Abeele P. V. On research efficiency: A micro - analysis of Dutch University Research in economics and business management [J]. *Research Policy*, 2005 (34): 495 - 516.

[19] Coe D. T., Helpman E. International R&D spillovers [J]. *European Economic Review*, 1995 (39): 859 - 887.

[20] Coelli T. A Multi - Stage Methodology for the Solution of Orientated DEA Models [J]. Operations Research Letters, 1998, 23 (3 - 5): 143 - 149.

[21] Cullmann A., Schmidt - Ehmcke J., Zloczysti P. R&D efficiency and barriers to entry: A two stage semi - parametric DEA approach [J]. *Oxford Economic Papers*, 2012 (64): 176 - 196.

[22] Färe R., Grosskopf S., Norris M., Zhang Z. Productivity growth, technical progress, and efficiency change in industrialized countries [J]. *The American Economic Review*, 1994: 66 - 83.

[23] Fu X., Yang Q. G. Exploring the cross - country gap in patenting: A stochastic frontier approach [J]. *Research Policy*, 2009 (38): 1203 - 1213.

[24] Furman J. L., Hayes R. Catching up or standing still? National innovative productivity among "follower" countries, 1978 - 1999 [J]. *Research Policy*, 2004 (33): 1329 - 1354.

[25] Furman J. L., Porter M. E., Stern S. The determinants of national innovative capacity [J]. *Research Policy*, 2002 (31): 899 - 933.

[26] Goto A., Suzuki K. R&D capital, rate of return on R&D investment and spillover of R&D in Japanese manufacturing industries [J]. *The Review of Economics and Statistics*, 1989: 555 - 564.

[27] Guan J., Chen K. Measuring the innovation production process: A cross - region empirical study of China's high - tech innovations [J]. *Technovation*, 2010 (30): 348 - 358.

[28] Guan J., Chen K. Modeling macro - R&D production frontier performance: An application to Chinese province - level R&D [J]. *Scientometrics*, 2010 (82): 165 - 173.

[29] Guan J., Chen K. Modeling the relative efficiency of national innovation systems [J]. *Research Policy*, 2012 (41): 102 - 115.

[30] Guan J. C., Yam R., Tang E. P., Lau A. K. Innovation strategy and performance during economic transition: Evidences in Beijing, China [J]. *Research Policy*, 2009 (38): 802 - 812.

[31] Guellec D., Van Pottelsberghe de la Potterie B. From R&D to productivity growth: Do the institutional settings and the source of funds of R&D matter? [J]. *Oxford Bulletin of Economics and Statistics*, 2004 (66): 353 - 378.

[32] Gyimah - Brempong K., Gyapong A. O Characteristics of education production functions: An application of canonical regression analysis [J]. *Economics of Education Review*, 1991 (10): 7 - 17.

[33] Hall B. H., Mairesse J. Exploring the relationship between R&D and productivity in French manufacturing firms [J]. *Journal of Econometrics*, 1995 (65): 263 - 293.

[34] Hashimoto A., Haneda S. Measuring the change in R&D efficiency of the Japanese pharmaceutical industry [J]. *Research Policy*, 2008 (37): 1829 - 1836.

[35] Hu A. G., Jefferson G. H., Jinchang Q. R&D and technology transfer: Firm - level evidence from Chinese industry [J]. *Review of Economics and Statistics*, 2005 (87): 780 - 786.

[36] Hu M. C., Mathews J. A. China's national innovative capacity [J].

*Research Policy*, 2008 (37): 1465 –1479.

[37] Hu M. C., Mathews J. A. National innovative capacity in East Asia [J]. *Research Policy*, 2005 (34): 1322 –1349.

[38] Jaffe A. B. Demand and supply influences in R&D intensity and productivity growth [J]. *The Review of Economics and Statistics*, 1988: 431 –437.

[39] Kao C., Hwang S. – N. Efficiency decomposition in two – stage data envelopment analysis: An application to non – life insurance companies in Taiwan [J]. *European Journal of Operational Research*, 2008 (185): 418 –429.

[40] Kao C. Efficiency decomposition in network data envelopment analysis: A relational model [J]. *European Journal of Operational Research*, 2009 (192): 949 –962.

[41] Korhonen P., Tainio R., Wallenius J. Value efficiency analysis of academic research [J]. *European Journal of Operational Research*, 2001 (130): 121 –132.

[42] Lee H., Park Y., Choi H. Comparative evaluation of performance of national R&D programs with heterogeneous objectives: A DEA approach [J]. *European Journal of Operational Research*, 2009 (196): 847 –855.

[43] Lee H. Y., Park Y. T. An international comparison of R&D efficiency: DEA approach [J]. *Asian Journal of Technology Innovation*, 2005 (13): 207 –222.

[44] Li X. China's regional innovation capacity in transition: An empirical approach [J]. *Research Policy*, 2009 (38): 338 –357.

[45] Li X. Regional innovation performance: Evidences from domestic patenting in China [J]. *Innovation: Management, Policy & Practice*, 2006 (8): 171 –192.

[46] Li Y., Chen Y., Liang L., Xie J. DEA models for extended two – stage network structures [J]. *Omega*, 2012, 40 (5): 611 –618.

[47] Lovell C. K. The decomposition of Malmquist productivity indexes [J]. *Journal of Productivity Analysis*, 2003 (20): 437 –458.

[48] Malmquist S. Index numbers and indifference surfaces [J]. *Trabajos de Estadistica y de Investigacion Operativa*, 1953 (4): 209 –242.

[49] Mazzoleni R., Nelson R. R. The benefits and costs of strong patent protection: A contribution to the current debate [J]. *Research Policy*, 1998 (27): 273 –284.

[50] Raab R. A., Kotamraju P. The efficiency of the high – tech economy: Conventional development indexes versus a performance index [J]. *Journal of Regional*

*Science*, 2006 (46): 545 - 562.

[51] Ray S. C., Desli E. Productivity growth, technical progress, and efficiency change in industrialized countries: comment [J]. *The American Economic Review*, 1997: 1033 - 1039.

[52] Rho S., An J. Evaluating the efficiency of a two - stage production process using data envelopment analysis [J]. *International Transactions in Operational Research*, 2007 (14): 395 - 410.

[53] Ruggiero J. A new approach for technical efficiency estimation in multiple output production [J]. *European Journal of Operational Research*, 1998 (111): 369 - 380.

[54] Ruggiero J. Efficiency of educational production: An analysis of New York school districts [J]. *The Review of Economics and Statistics*, 1996: 499 - 509.

[55] Sena V. Total factor productivity and the spillover hypothesis: Some new evidence [J]. *International Journal of Production Economics*, 2004 (92): 31 - 42.

[56] Sohn S., Gyu Joo Y., Kyu Han H. Structural equation model for the evaluation of national funding on R&D project of SMEs in consideration with MBNQA criteria [J]. *Evaluation and Program Planning*, 2007 (30): 10 - 20.

[57] Thomas V. J., Jain, S. K., Sharma S. Analyzing R&D efficiency in Asia and the OECD: An application of the Malmquist Productivity Index [C]. *Science and Innovation Policy*, 2009 *Atlanta Conference*, *IEEE*, 2009: 1 - 10.

[58] Tone K., Tsutsui M. Network DEA: A slacks - based measure approach [J]. *European Journal of Operational Research*, 2009 (197): 243 - 252.

[59] Tsang E. W., Yip P. S., Toh M. H. The impact of R&D on value added for domestic and foreign firms in a newly industrialized economy [J]. *International Business Review*, 2008 (17): 423 - 441.

[60] Vinod H. D. Canonical ridge and econometrics of joint production [J]. *Journal of Econometrics*, 1976 (4): 147 - 166.

[61] Wang E. C., Huang W. Relative efficiency of R&D activities: A cross - country study accounting for environmental factors in the DEA approach [J]. *Research Policy*, 2007 (36): 260 - 273.

[62] Wang E. C. R&D efficiency and economic performance: A cross - country analysis using the stochastic frontier approach [J]. *Journal of Policy Modeling*, 2007 (29): 345 - 360.

[63] Zhang A., Zhang Y., Zhao R. A study of the R&D efficiency and produc-

tivity of Chinese firms [J]. *Journal of Comparative Economics*, 2003 (31): 444 - 464.

[64] Zhong W., Yuan W., Li S. X., Huang Z. The performance evaluation of regional R&D investments in China: An application of DEA based on the first official China economic census data [J]. *Omega*, 2011 (39): 447 - 455.

[65] Özçelik E., Taymaz E. R&D support programs in developing countries: The Turkish experience [J]. *Research Policy*, 2008 (37): 258 - 275.

[66] 白俊红，江可申，李婧．中国区域创新系统创新效率综合评价及分析 [J]．管理评论，2009：3 - 9.

[67] 白少君，韩先锋，朱承亮，宋文飞．中国工业行业 R&D 创新全要素生产率增长：技术推进抑或效率驱动 [J]．中国科技论坛，2011：27 - 33.

[68] 陈海波，刘洁．我国工业企业 R&D 状况的区域比较分析 [J]．中国软科学，2008：88 - 95.

[69] 陈伟，赵富洋，林艳．基于两阶段 DEA 的高技术产业 R&D 绩效评价研究 [J]．软科学，2010 (24)：6 - 10.

[70] 陈修德，梁彤缨．中国高新技术产业研发效率及其影响因素——基于面板数据 SFPF 模型的实证研究 [J]．科学学研究，2010 (28)：1198 - 1205.

[71] 池仁勇，虞晓芬，李正卫．我国东西部地区技术创新效率差异及其原因分析 [J]．中国软科学，2004：128 - 131，127.

[72] 戴魁早．中国高技术产业 R&D 效率及其影响因素——基于面板单位根及面板协整的实证检验 [J]．开发研究，2011：56 - 60.

[73] 邓向荣，刘乃辉，周密．中国政府科技投入绩效的考察报告——基于国家级六项科技计划投入效率与问题的研究 [J]．经济与管理研究，2005：24 - 28.

[74] 段宗志，曹泽．基于 DEA 的中国区域 R&D 效率测度及聚类分析[J]．江淮论坛，2012：45 - 49.

[75] 付强，马玉成．基于价值链模型的我国高技术产业技术创新双环节效率研究 [J]．科学学与科学技术管理，2011 (32)：93 - 97.

[76] 官建成，何颖．基于 DEA 方法的区域创新系统的评价 [J]．科学学研究，2005 (23)：265 - 272.

[77] 韩东林，胡姗姗．省际比较视角下政府研究机构 R&D 效率评价——基于第二次全国 R&D 资源清查数据 [J]．情报杂志，2012，31 (5)：88 - 93.

[78] 韩东林，金余泉．皖江城市带大中型工业企业 R&D 效率研究——兼与上海市比较 [J]．中国科技论坛，2011 (182)：74 - 78，86.

［79］韩兆洲，朱珈乐．R&D 区域投入产出绩效的综合评价——以广东省为例［J］．统计与决策，2012：99－101.

［80］何晓群．多元统计分析［M］．北京：中国人民大学出版社，2008.

［81］胡象明，李心萌．基于 DEA 模型的中国高技术产业大中型工业企业 R&D 效率的实证研究［J］．东北师大学报（哲学社会科学版），2012（3）：11.

［82］黄舜，管燕．基于过程的高技术产业技术创新效率测度［J］．工业技术经济，2010：92－97.

［83］黄攸立，王茜．基于多系统 DEA 模型的大学产业合作系统 R&D 效率评价［J］．科学学与科学技术管理，2011（32）：80－86.

［84］姜波．中国高技术产业 R&D 效率变动分析——基于 DEA 模型的 Malmquist 指数方法［J］．情报杂志，2011（30）：82－86.

［85］李辉，马悦．高技术产业融资结构对 R&D 绩效的影响研究［J］．吉林大学社会科学学报，2009（49）：111－116.

［86］李剑，沈坤荣．研发活动对经济增长的影响——大中型工业企业的面板协整动态 OLS 估计［J］．山西财经大学学报，2009：21－27.

［87］李婧，谭清美，白俊红．中国区域创新效率及其影响因素［J］．中国人口·资源与环境，2009（19）：142－147.

［88］李邃，江可申，郑兵云．基于链式关联网络的区域创新效率研究——以江苏为研究对象［J］．科学学与科学技术管理，2011（32）：131－137.

［89］李习保．区域创新环境对创新活动效率影响的实证研究［J］．数量经济技术经济研究，2007（8）：13－24.

［90］李向东，李南，白俊红，谢忠秋．高技术产业研发创新效率分析［J］．中国软科学，2011：52－61.

［91］刘丹鹤，杨舰．区域科技投入指南的文本格式研究［J］．科技进步与对策，2006（23）：63－65.

［92］刘贵鹏，韩先锋，宋文飞．基于价值链视角的中国工业行业研发创新双环节效率研究［J］．科学学与科学技术管理，2012（33）：42－50.

［93］刘和东．中国区域研发效率及其影响因素研究——基于随机前沿函数的实证分析［J］．科学学研究，2011（29）：548－556.

［94］刘玲利，李建华．基于随机前沿分析的我国区域研发资源配置效率实证研究［J］．科学学与科学技术管理，2008（28）：39－44.

［95］刘顺忠，官建成．区域创新系统创新绩效的评价［J］．中国管理科学，2002（10）：75－78.

［96］刘伟．中国高技术产业的技术创新影响因素：基于面板数据模型的实

证检验［J］．数学的实践与认识，2010：62－70.

［97］罗彦平．中国研究与发展投入产出效率分析——基于数据包络分析模型的视角［J］．经济与管理，2011（25）：11－13.

［98］莫燕．区域 R&D 绩效评价［J］．科研管理，2004（25）：114－117.

［99］庞瑞芝，李鹏，李嫣怡．网络视角下中国各地区创新过程效率研究：基于我国八大经济区的比较［J］．当代经济科学，2010（6）：8.

［100］任胜钢，彭建华．基于 DEA 模型的中部区域创新绩效评价与比较研究［J］．求索，2007：15－18.

［101］容美平，王斌会．我国各地区高技术产业投入产出效率综合评价［J］．科技进步与对策，2010（27）：25－28.

［102］师萍，韩先锋，宋文飞，周凡磬．我国 R&D 技术效率的空间差异及变动趋势检验［J］．统计与决策，2011：77－79.

［103］师萍，韩先锋，宋文飞．我国省际 R&D 活动的相对效率与规模效率［J］．中国科技论坛，2010：92－97.

［104］师萍，宋文飞，韩先锋，张炳南．我国区域研发技术效率的空间相关性与收敛性分析［J］．管理学报，2011（8）：1045－1050.

［105］史欣向，陆正华．基于中间产出、最终产出效率视角的企业研发效率研究［J］．中国科技论坛，2010：77－83.

［106］苏仁辉，罗亚非，何舒洁，王海燕．农副食品加工业的 R&D 绩效评价［J］．科研管理，2008：154－157.

［107］孙凯，李煜华．我国各省市技术创新效率分析与比较［J］．中国科技论坛，2007（11）：8－11.

［108］唐炎钊．区域科技创新能力的模糊综合评估模型及应用研究——2001年广东省科技创新能力的综合分析［J］．系统工程理论与实践，2004（2）：37－43.

［109］涂俊，吴贵生．基于 DEA－Tobit 两步法的区域农业创新系统评价及分析［J］．数量经济技术经济研究，2006（23）：136－145.

［110］王然，燕波，邓伟根．FDI 对我国工业自主创新能力的影响及机制——基于产业关联的视角［J］．中国工业经济，2010（11）：16－24.

［111］魏权龄．数据包络分析［M］．北京：科学出版社，2004.

［112］吴和成，刘思峰．基于改进 DEA 的地域 R&D 相对效率评价［J］．研究与发展管理，2007（19）：108－112.

［113］吴延兵．R&D 存量、知识函数与生产效率［J］．经济学（季刊），2006（5）：1129－1156.

[114] 肖静，程如烟，姜桂兴．基于超效率 DEA 方法的研发效率国际比较研究［J］．情报杂志，2009：89－92.

[115] 肖敏，谢富纪．我国区域 R&D 资源配置效率差异及其影响因素分析［J］．软科学，2009（23）：1－5.

[116] 谢建国，周露昭．中国区域技术创新绩效——一个基于 DEA 的两阶段研究［J］．学习与实践，2007：29－34.

[117] 谢伟，胡玮，夏绍模．中国高新技术产业研发效率及其影响因素分析［J］．科学学与科学技术管理，2008（3）：144－149.

[118] 许晓雯，蔡虹．我国区域 R&D 投入绩效评价研究［J］．研究与发展管理，2004（16）：11－17.

[119] 杨锋，梁樑，毕功兵，吴华清．国家创新系统的效率评价研究［J］．科学学研究，2008（26）：214－217.

[120] 杨惠瑛，王新红．高新技术产业 R&D 效率测度［J］．科技进步与对策，2012（29）：113－117.

[121] 杨苏．合肥经济圈高技术产业 R&D 效率比较研究——基于 DEA 方法的实证分析［J］．安徽建筑工业学院学报（自然科学版），2012（20）：88－92.

[122] 姚洋，章奇．中国工业企业技术效率分析［J］．经济研究，2001（10）：13－19.

[123] 尹伟华，袁卫．基于 CCA 和 WRM 视窗分析的中国 R&D 投入绩效评价研究［J］．当代经济科学，2012：35－42.

[124] 尹伟华．基于网络 SBM 模型的区域高技术产业技术创新效率评价研究［J］．情报杂志，2012，31（5）：98－102，131.

[125] 尹伟华．三大执行主体视角下的区域 R&D 投入绩效评价研究［J］．科学学与科学技术管理，2012（33）：58－66.

[126] 尹伟华．中国区域高技术产业技术创新效率评价研究——基于客观加权的网络 SBM 模型［J］．统计与信息论坛，2012（27）：99－106.

[127] 余泳泽．我国高技术产业技术创新效率及其影响因素研究——基于价值链视角下的两阶段分析［J］．经济科学，2009：62－74.

[128] 岳书敬．中国区域研发效率差异及其影响因素——基于省级区域面板数据的经验研究［J］．科研管理，2008（29）：173－179.

[129] 张海洋．中国省际工业全要素 R&D 效率和影响因素：1999～2007［J］．经济学，2010（9）：1029－1050.

[130] 张薇，程骏，吴建南．基于主成分分析的区域 R&D 活动测度研究［J］．科技进步与对策，2007（24）：183－185.

［131］张运生，曾德明，秦吉波，张利飞．基于主成分分析的 R&D 绩效评价系统［J］．研究与发展管理，2004（16）：1－6.

［132］章祥荪，贵斌威．中国全要素生产率分析：Malmquist 指数法评述与应用［J］．数量经济技术经济研究，2008（25）：111－122.

［133］赵涛，张爱国．基于因子分析的区域 R&D 绩效评价研究［J］．西北农林科技大学学报（社会科学版），2006（6）：65－69.

［134］郑坚，丁云龙．高技术产业技术创新的边际收益特性及效率分析［J］．科学学研究，2008（26）：1090－1097.

［135］钟卫．中国区域 R&D 投入绩效的统计评价［J］．统计与决策，2011：91－93.

［136］周翠平，李小燕．基于 DEA－Tobit 的高校实验室效率影响回归分析［J］．实验室科学，2011（14）：142－145.

［137］周凡磬，师萍，宋文飞．我国 R&D 双环节效率动态演进及影响因素研究——基于工业分行业的经验研究［J］．科技进步与对策，2012（29）：23－27.

［138］朱平芳，徐伟民．政府的科技激励政策对大中型工业企业 R&D 投入及其专利产出的影响［J］．经济研究，2003（6）：45－53.

# 后　记

本书几经周折，终于得以完成，欣喜之余，仍感惴惴不安。没有想象中的如释重负，相反，心中增加了更多的思考和疑问。本书的构思与写作，前后经历了近两年的时间，在整个写作过程中，我深深体会到统计学有太多值得总结、创新和加深学习的地方。对于每一个问题、每一种方法，要想真正掌握和运用并不容易，而是一个充满学习与思考的系统工程；要想有所创新，需要付出更多艰辛的劳动，面对和克服许多棘手的问题。其中的困惑与探索让自己收获很多，当然，其中的酸甜苦辣只有经历过才能体会。在本书的写作过程中，我的老师、同学和家人给予了莫大的支持和帮助，在此向他们表示真挚的谢意。

首先，要感谢我的博士生导师袁卫教授。本书从选题、资料收集到最终定稿，自始至终都离不开袁老师的悉心指导和关怀。袁老师精深广博的专业学识、严谨求实的治学态度、一丝不苟的工作作风、宽厚豁达的为人处世都是我学习的榜样，他教给我的做人和做学问的道理将使我受益终生。博士期间，袁老师无论在科研上还是在生活上都给予了我无微不至的关怀，对我的学业发展和人生道路产生了极为重要的影响。在本书完成之际，特此向袁老师致以最崇高的敬意和最衷心的感谢！

其次，要衷心感谢安徽财经大学张焕明教授，中国人民大学孟生旺教授、王晓军教授、彭非教授、赵彦云教授、易丹辉教授、高敏雪教授等，是他们授予我广博的专业知识，让我感受到了统计学的无穷魅力，也是他们的不懈教诲培育了我基本的科研能力。师恩不忘，我将铭记于心。

感谢三年来苦乐与共的 2010 级统计学博士班的所有同学，是他们让我的生活更充实、更精彩。在一起学习的时光里，大家相互关心、相互帮助，俨然是一个快乐的大家庭；与他们进行的交流和探讨，使我在各方面得以提升。

最后，要特别感谢我的家人，他们的支持和鼓励是我前进的精神动力。特别是我的爱人徐梅，她在生活上无微不至的关心和照顾让我有更充沛的精力投身于学习研究中。是家人的关心和付出，让我取得了今天的一点成绩；是家人的理解与支持，给予了我追求知识的勇气和决心；也是家人的默默奉献和肯定，帮助我走过人生中一个又一个驿站，永远乐观自信地生活。

谨以此书献给所有关心和帮助过我的老师、同学、朋友和家人！

尹伟华

2017 年 3 月 27 日